U0382184

　　本书受青岛市哲学社会科学规划项目（项目编号：QDSKL1601136）和青岛科技大学学术专著出版资助专项（项目编号：16XB14）资助，并是国家社会科学基金资助项目“基于动态KAYA模型的城市低碳化转型发展的政策模拟与路径选择研究”（项目编号：14BJY018）和国家自然科学基金资助项目“能源与环境约束下人力资本驱动低碳转型机制、路径及政策研究”（项目编号：71473233）的阶段性研究成果

低碳城市的建设与评价研究
——基于青岛市的案例分析

邓玉勇 著

中国社会科学出版社

图书在版编目（CIP）数据

低碳城市的建设与评价研究：基于青岛市的案例分析/
邓玉勇著 . —北京：中国社会科学出版社，2020. 12
ISBN 978 - 7 - 5203 - 1270 - 7

Ⅰ. ①低…　　Ⅱ. ①邓…　　Ⅲ. ①节能—生态城市—
城市建设—案例—青岛　　Ⅳ. ①X321. 252. 3

中国版本图书馆 CIP 数据核字（2017）第 260512 号

出 版 人	赵剑英	
责任编辑	车文娇	
责任校对	周晓东	
责任印制	王　超	
出　　版	中国社会科学出版社	
社　　址	北京鼓楼西大街甲 158 号	
邮　　编	100720	
网　　址	http：//www. csspw. cn	
发 行 部	010 - 84083685	
门 市 部	010 - 84029450	
经　　销	新华书店及其他书店	
印　　刷	北京明恒达印务有限公司	
装　　订	廊坊市广阳区广增装订厂	
版　　次	2020 年 12 月第 1 版	
印　　次	2020 年 12 月第 1 次印刷	
开　　本	710 × 1000　1/16	
印　　张	15. 25	
插　　页	2	
字　　数	251 千字	
定　　价	69. 00 元	

凡购买中国社会科学出版社图书，如有质量问题请与本社营销中心联系调换
电话：010 - 84083683

前　言

　　发展低碳经济已经成为各国应对气候变化的必然选择。2016 年 9 月 3 日，全国人大常委会批准中国加入《巴黎气候变化协定》。5 日，联合国秘书长潘基文宣布《巴黎协定》达到了生效所需的两个门槛，并将于 11 月 4 日正式生效。这意味着要继续大幅度提高减排努力，加快低碳经济转型。

　　建设低碳城市不仅是低碳经济发展的必然选择，也是低碳经济的基础和重要组成部分。低碳城市建设不仅有助于减少碳排放，促进碳减排目标的完成，而且对改善城市居住环境、推动城市产业转型升级，具有十分积极的意义。而通过低碳城市评价可以帮助管理者发现低碳城市建设中存在的问题和不足。近年来，有关低碳城市和低碳城市评价的相关研究非常多，但是针对具体城市，特别是以某个城市为案例进行的深入研究偏少。如果在已有研究成果的基础上，建立指标体系选择合适方法对低碳城市建设程度进行评价，并根据评价结果就其发现的问题结合实际提出低碳城市建设路径和对策建议，既是对相关评价理论的有益补充，也会对推动低碳城市建设有所裨益。正是抱着这种初衷，笔者开始在前期研究成果的基础上进行写作，并于 2016 年年底完成初稿。

　　全书共分八章。第一章是研究的背景和意义，就低碳城市的相关概念、国内外低碳城市研究与实践和低碳经济发展下青岛市面临的机遇与挑战进行的阐述，提出本书研究的问题和意义。第二章是青岛市能源利用状况分析。这一章从不同角度分析青岛市能源利用概况，并设定了 GDP 增长速度、能源分品种消费、产业结构变化等情景，对一定时期内青岛市能源需求情景进行预测分析。第三章是青岛市 CO_2 排放的现状分析及预测，主要是在对历年来青岛市 CO_2 排放量进行测算的基础上，预测青岛市 CO_2 排放量，从不同角度分析了青岛市"十二五"期间 CO_2 减排潜力。第四章是青岛市低碳城市建设评价。这一章主要是基于 3E 分析方法构建了低碳城市建设评价的指标体系，选择了评价模型，并对青岛市低碳城市建设现状进行评价。第五章是青岛市节能减排政策评价及低碳发展中存在的问题。这一章在对青岛市节能减排政策进行了梳理，从经济、节能、环境和社会四方面对政策收益进行评价，在此基础上，分析了青岛市低碳发展中存在的问题。第六章是青岛市低碳城市发展路径与支撑。这一章勾画了青岛市低碳城市发展路线图，并从项目、园区、投融资等方面探讨了其对青岛市低碳城市建设的支撑。第七章是青岛市低碳城市发展支持保障体系，主要包括青岛市节能减排统计、监测和考核体系的框架设计和保障措施。第八章是有关低碳产业园区建设的案例分析，就新建园区和已有园区低碳化建设方案进行了研究。

本书的写作遵循了全面性、系统性、实用性等原则，力求将案例城市的情况说清，问题分析透彻。为了达到以上要求，本书写作过程中实地走访了当地的园区、企业和部分在建项目，与政府部门、园区、企业的相关领导和工作人员进行了多次座谈，并参阅了近 300 篇各类文献，并引用了其中的 80 余篇文献。

在本书的立项、写作和出版过程中，青岛市发改委、青岛市经信委、青岛市工程咨询院、青岛市中小企业公共服务中心、青岛高校信息产业股份有限公司等单位为实地调研、数据采集、专家座谈等提供了诸多便利。我的研究生李璨、刘洋同学参与了书稿校对工作。

同时，青岛科技大学学术专著出版基金、青岛市社科规划基金、国家社科基金、国家自然科学基金为本书的出版提供了资助。

出版过程中，出版社的工作人员认真审阅了本书，并提出许多宝贵意见，没有他们的辛勤工作，这本书也是无法按时出版的。

在此一并表示我深深的谢意。

　　以上感谢并无推脱责任之意，鉴于个人水平，不足之处难免，书中错误当由作者负责！也恳请广大专家、同行和读者不吝赐教！

　　任何意见或建议，请及时联系作者。电子邮箱：glendeng@163.com。

邓玉勇

2019 年 12 月于青岛

目　录

第一章 研究的背景和意义

第一节 低碳城市的内涵

低碳城市被翻译成 Low Carbon City 或者 Low – Carbon City，它是随着低碳经济理论研究与实践的深入发展来的。而低碳经济的概念，最早出自 2003 年英国政府为了实现国家能源转型而发布的题为《我们能源的未来：创造低碳经济》的能源白皮书（UK Government, 2003）。白皮书提出低碳经济是一种资源生产率水平更高的经济，即用更少的自然资源和更少的污染生产更多产品，提高生活水平和生活质量，为尖端技术的开发、应用和出口以及创造新的业务和就业提供众多机会。"低碳经济"的概念逐渐被众多国家所接受，并逐渐应用于各国实践。

城市作为人类活动的主要场所，为经济和社会发展提供了空间基础条件。城市也是能源消费的重点区域，一方面，城市的运行需要消耗大量的化石能源，排放了大量的温室气体；另一方面，城市化进程的加快，进一步增加能源需求，加快了温室气体排放速度。可以说，城市是实现区域碳减排的重要载体，低碳城市建设对推动区域节能减排的重要性不言而喻。

目前，低碳城市尚无统一的概念，研究者从不同角度对低碳城市进行了定义。世界自然基金会（WWF）认为，低碳城市是指以较少的能源消耗和二氧化碳（CO_2）排放支撑城市经济和社会的快速发展。[①] 气

---

① 金石：《WWT 启动中国低碳城市发展项目》，《环境保护》2008 年第 12 期。

候组织（The Climate Group）的定义是：以发展低碳经济为手段，实现城市较低的温室气体排放，甚至使城市碳净排放量降为零。夏垫堡（2008）认为，建设低碳城市就是要实行低碳生产，倡导低碳消费，控制高碳产业发展速度，引进和发展低碳技术。付允等（2008）提出低碳城市就是摆脱传统的社会经济运行模式的城市，低碳城市发展路径包括优化升级产业结构，改变能源供给结构，摒弃消耗高、浪费高的消费方式，研发有效控制温室气体排放的低碳技术等。顾朝林等（2009）认为低碳城市具有低排放、高能效、高效率的特征，通过产业转型、改变传统生活方式、减少高耗能产品出口可以使城市能源消耗和 CO_2 排放处于低水平。《中国可持续发展战略报告》（2009）中指出低碳城市具有经济性、安全性、系统性、动态性、区域性的特征。

综上所述，低碳城市是转变经济增长方式、发展低碳经济的城市，是改变消费理念和生活方式的城市。低碳城市建设降低了城市的能源消耗，减轻了环境污染，减少了温室气体排放，既推动了城市居民生活质量逐渐提升，又实现了城市的可持续发展。

通常情况下，低碳城市应包含四个方面的内容：第一，城市能源结构低碳化，即削减高碳能源的使用，提高低碳能源和可再生能源消费的比重。第二，经济发展模式的低碳化，即优化产业结构，培育低碳产业，提高产业的能效水平。第三，城市规划建设和社会生活的低碳化，即推广低碳建筑，规划低碳交通，构建低碳社区，倡导低碳生活方式。第四，排放低碳化，即采用碳捕获与埋存技术，提高碳汇能力，实施资源综合利用与污染治理。

第二节　国外低碳城市研究与实践

一　国外低碳城市研究

秦耀辰等（2010）提出城市温室气体排放的影响因素、城市碳循环与碳代谢、低碳城市规划、低碳城市环境治理四个方面是目前国外低碳城市领域的主要研究内容。根据其勾画出的低碳城市的研究体系图可以看出，城市碳排放的影响因素是先决要素，城市碳循环与碳代谢是实现城市碳管理的核心，低碳城市空间要素的规划研究起支撑性作用，低碳环境治理研究则是涉及发展路径的选择问题。

（一）城市温室气体排放的影响因素

城市温室气体排放的影响因素可以分为宏观和微观两个层面。宏观层面因素主要是指城市规模扩张、人口增长、经济发展、城市能源结构、低碳技术创新、低碳城市政策等。微观层面主要是指从生产和消费两方面核算碳排放，生产领域核算包括工业、建筑业、交通物流业、商业等产业的碳排放，消费领域则是围绕居民衣、食、住、行等生活活动的碳排放。美国学者 Edward L. Glaeser 和 Matthew E. Kahn（2008）量化了美国不同城市私人驾驶、公共交通、家庭供暖和家庭用电的温室气体排放量，找出了温室气体排放量最高和最低的地区，发现温室气体排放随着人口和收入的规模、城市气温的变化而变化，并与土地监管规定呈高度负相关关系。英国学者 Chris Goodall（2007）从家庭角度研究了影响温室气体排放的因素。这些因素涉及家庭取暖、烹饪、照明、家电、旅行（汽车、公共交通、航空）、食品、温室气体排放的间接来源以及家庭使用可再生能源，并提出了居民和家庭如何改变行为减少温室气体排放的具体建议。日本学者柳下正治（2007）从工业、交通、居民生活等方面研究了日本城市中温室气体排放的比例构成，在建筑、交通、产业结构及低碳技术创新等方面提出温室气体减排的措施。Jensen 等（2005）构建了涵盖供应和需求的自下向上的能源和 CO_2 排放模型，探讨了英国住宅存量 2050 年实现超过 60% 的 CO_2 减排的技术可行性，认为减排 80% 是可能的。

还有一些学者研究了不同国家不同城市温室气体排放量的结构，构建城市经济与能源消费的关系模型，证明了产业、交通运输和家庭住宅是城市主要的温室气体排放源，并对未来的发展进行了预测。Ho Chin Siong 和 Fong Wee Kean（2007）采用情景模拟预测分析了几种可能的未来发展模式，指出通过调整城市土地利用、建筑设计及交通引导政策，实施城市社区能源管理（Community Energy Management），可以使城市碳排放量在未来数年内减少到预期情景。

（二）城市碳循环与碳代谢

以二氧化碳为主的温室气体排放清单是城市碳循环与碳代谢研究的主要问题。这些排放清单既包括城市内部的碳排放，也包括城市间物流导致的碳排放。因此，城市系统碳循环的研究既包括城市建成区和扩张区，又涵盖了城市碳排放的影响区域。通常，城市大部分的碳源和消耗的能源来自城市边界之外。在研究城市系统碳循环时，一般从水平和垂直两个维度来研究。城市垂直碳通量受到城市建成区、扩展区及区域中各类建筑物、公共空间、植被、土壤等因素的影响；城市水平碳通量则受研究对象时间、活动、排放和生命周期边界的影响，也就是说，城市生产、流通、服务和贸易等活动的边界会影响到城市碳代谢。以上研究结论，可以为城市碳管理提供重要的理论和数据支撑。

（三）低碳城市规划

低碳城市规划是指通过制定低碳城市建设愿景和不同发展阶段的战略目标，运用政策工具，合理配置土地、建筑、道路等城市空间要素资源，减少碳基能源消费，降低城市温室气体排放，使未来发展空间布局符合战略目标要求。低碳城市规划就是要在城市规划中落实绿色、循环、低碳、可持续的发展理念，使温室气体排放量逐渐减少，乃至实现"碳中和"，即排放为零。它涉及低碳城市总体布局、土地用途、交通体系、产业结构、社区等方面内容。按其范围大小可分为城市总体布局规划、产业园区或社区、企业或居民家庭三个层次，其中最重要的是城市总体空间布局如土地用途、交通体系等因素，这些因素会对另外两个层面的低碳发展产生影响。

研究者发现，政府对城市土地利用的限制程度越高，城市居民生活的碳排放量越低，也就是说，两者存在负相关关系。从宏观上讲，结合不同城市空间特征做好城市建设规划。社区建设是现代城市建设的基础单元，社区的结构特点与建筑物密度对城市能源消费及碳排放量影响很大。Joanthan Norman（2006）研究发现，不同类型社区能耗和碳排放存在较大的差异，比如城市中心高密度混合化社区对小汽车交通的需求、生活能源消耗要低于城市郊区低密度单一功能化社区。

英国城乡规划协会（TCPA，2008）在《社区能源：为了低碳未来的城市规划》中，提出了基于社区生活、规模等因素并与节能减排技术特征相结合的能源方案设计思路，通过选择合适的节能减排技术，构建零碳社区降低城市温室气体排放。W. K. Fong（2008）研究了马来西亚城市能源消费、温室气体减排与城市规划的相关性，研究结论显示城市结构设计和城市功能定位影响城市能源消费；高密度、紧凑型的城市可以降低交通领域的碳排放，同时有助于热电联产等技术的推广使用。

（四）低碳城市环境治理

低碳城市环境治理研究也是城市治理研究的重要组成部分。它的理论基础包括公共管理、低碳经济、城市治理、可持续发展等，主要是采用"成本—收益""费用—效益"等方法对政府应对气候变化的政策措施进行评价，从低碳技术研发推广、能源结构调整、碳市场建设等方面，选择合适的低碳城市发展路径。

二　国外低碳城市的实践

（一）丹麦模式——低碳社区

丹麦低碳社区的典型代表是由 30 户居民自发组织起来建设的贝德尔地区的太阳和风社区。竣工于 1980 年的太阳和风社区属于合作居住社区（Cohousing Community）。社区建设构想来自居民，居民全程参与社区的规划、设计、建设、日常管理和维护过程。在社区建设过程中，居民持续地与政府部门、相关专业人员及施工队讨论、完善社区建设方案。这一模式的最大特点就是健身房、办公区、洗衣房等共用设施的设计和可再生能源的利用。太阳能和风能分别占该社区能源消耗总量的 30% 和 10% 左右。这种合作居住社区已成为丹麦低碳城市建设的一个亮点。

2009 年，哥本哈根政府宣布了 2025 年低碳城市建设目标——成为全球第一个温室气体净排放量为零的城市。哥本哈根利用风能和生物质能发电十分普遍，其电力供应已大部分实现了零碳排放。哥本哈

根市政府计划在以下 6 个领域实施 50 项政策措施以建设低碳城市
（见表 1 – 1）。

表 1 – 1　　　　　　　哥本哈根建设低碳城市的政策措施

领域	政策措施
能源结构	哥本哈根最大的碳排放源为电力和供热系统，煤炭、天然气和石油等化石能源产生的电力约占电力供应量的 73%。政府实施了将燃煤发电转变为生物燃料或木屑发电，建设新能源发电站和供热站，增加风力发电站，增加地热供热基础设施，推广烟道气压缩冷凝机，提高垃圾焚烧场的热能效率，完善区域供热体系 7 项政策来转变现有能源结构
绿色交通	虽然交通并不是哥本哈根温室气体的最主要来源，但是市政府仍旧为建设绿色交通体系出台了 15 项政策。这其中包括改善交通指示灯系统，建设停车位预报系统以减少交通拥堵；使用 LED 节能路灯等。哥本哈根计划重点利用风能为电动汽车和氢动力汽车进行充电，并为这类车辆提供免费停车优惠。同时，在 2011 年 1 月 1 日前，将所有政府用车更换为电动或氢动力汽车。到 2015 年，全市将 85% 的机动车替换为电动或氢动力汽车。此外，哥本哈根对自行车出行极为重视，积极推行"自行车代步"，是国际自行车联盟（International Cycling Union）命名的世界首个"自行车之城"。此外，市内按照自行车的平均速度设置交通灯变化的频率
节能建筑	通过温度控制、通风控制、照明控制、噪声控制 4 个维度进行节能管理。市政府出台 10 项政策，包括市内所有新建筑必须符合节能标准，政府设立能源基金对现有建筑进行升级或改造进行补贴，对房屋出租者、建筑从业者等利益相关者进行节能减排知识的培训，政府网站提供温室气体排放源的路线图，发展太阳能建筑等
公众意识	市政府通过提供宣传、咨询和培训来提高公众的低碳节能意识，转变人们的思维和生活方式。其中，儿童和青年在家庭中能源消耗最高，他们的生活习惯和对气候变化的认识对家庭影响很大。政府实施的灯塔计划将培养新一代的"气候公民"作为整个气候政策中最重要的环节，目标是使他们成为未来气候问题的解决者
城市规划	为建设碳中和城市，政府要求所有市政工程都必须严格遵守可持续发展原则，并计划对建材、外墙、电力、隔热、通风等各个环节设立明确标准。借助规划，尽可能地减少城市对耗能交通工具的依赖，使人们通过步行或自行车就能方便到达目的地。政府规划建立低碳试验区，探索新的城市发展路径

续表

领域	政策措施
气候适应	制订气候适应计划是一项着眼于未来的投资。市政府计划制定一套综合的气候应对战略，在整个城市采取多个应对暴雨天气的排水方案；通过增加口袋公园（Pocket Park）、绿地面积、植物屋顶与外墙，延缓雨水，避免洪灾；通过天窗、顶棚、通风等方式调节室内温度。口袋公园是城市中的小型绿地，不仅能降低城市温度，在雨雪天气中涵养水分，还能为市民提供运动和休闲的场地。口袋公园建设被列为灯塔项目。市政府计划每年至少新建两座口袋公园

资料来源：陈柳钦：《低碳城市发展的国外实践》，《环境经济》2010 年第 9 期。

（二）英国模式——应对气候变化的城市行动

在《能源白皮书》发布之前，英国政府已经开始着手推动城市低碳转型，并将其作为国家低碳经济转型的重要内容。2001 年，英国政府专门成立了碳信托基金会（Carbon Trust）、节能信托基金会（Energy Saving Trust，EST），并推出了英国的低碳城市计划（LCCP）。曼彻斯特、布里斯托、利兹为首批三个示范城市。该项目将城市碳排放量降低作为单一目标，并为此提供专家和技术，协助这些城市提高能源效率、降低能源需求，减少整个城市的碳排放总量。这三个城市的规划重点领域是将可再生能源应用于交通和建筑。城市以碳减排量为标准来制定、实施和评估相关措施，并综合运用技术、政策和公共治理手段。

伦敦市也是低碳城市建设的先行者。早在 2004 年，伦敦市政府制定的《伦敦能源策略》就专门提到应对气候变化问题。2006 年，伦敦气候变化署成立，专门负责应对气候变化方面的政策和战略落地。2007 年，伦敦市政府颁布了《市长的气候变化行动计划》，提出以 1990 年为基期，到 2020 年 CO_2 排放下降 26%—32%，到 2050 年下降 60% 的减排目标，并制定出绿色家庭等四个项目方案，提出了相应的保障措施。

（三）瑞典模式——可持续行动计划

瑞典的低碳城市发展围绕可持续发展的目标，不仅从经济状况、法律环境、社会环境等宏观层面出发，还考虑了新能源、新技术的开发利用。

瑞典很多城市和地区围绕社会可持续发展目标制定了低碳规划。位于斯德哥尔摩的汉马贝湖城是瑞典"共生城市"建设的最大项目。该项目开始于20世纪90年代，到2017年，该区建成可容纳2.5万人的1.1万套公寓房。该社区以创建生态环境敏感型的建筑与生活方式为目标，已计划采用生态循环系统，使能源及自然资源等的消耗降到最低限度。

马尔默的汉姆恩西区的发展目标是成为高人口密度城区中"人口—资源—环境"和谐发展的标杆：新区将全部使用本区域或临近地区生产的风能、太阳能、地热能、生物质能等可再生能源。

作为瑞典第三大城市，马尔默已完成由工业城市向低碳生态城市的转型，并向着气候智能型城市的目标迈进。这个城市的最大特点就是城市的电力消耗100%来自风能、太阳能、垃圾发电等可再生能源。

瑞典小城维克舒尔是欧洲人均碳排放量最低的城市。该市于1996年实施了"维克舒尔零化石燃料计划"，该计划包括在供热、能源、交通、商业和家庭中停止使用化石燃料，推广生物质等可再生能源，采用环保型机动车，提倡步行、自行车及公共交通，以降低碳排放。

（四）日本模式——低碳社会行动计划

日本政府推动成立了低碳城市促进协调会，办公机构设在地区活性化综合事务局。2008年7月，日本政府选出京都、东京千代田区、横滨市和宫古岛等13个地区和城市作为"环境示范城市"大力发展风能、太阳能、生物质能，推动低碳技术研发与应用，完善资源环境友好型的交通体系，建设推广节能建筑，实施交通等领域的温室气体减排，以建设低碳城市，促进社会向低碳化发展。2010年6月，又进一步提出了"环境未来城市"的设想，在环境示范城市中构建由可再生能源、智能电网、新一代汽车及智慧交通系统等构成的城市能源管理体系，以及以循环经济、生态工业园为基础的关联产业培育体系。

（五）美国模式——低碳城市行动计划

2006年，西雅图市成为美国这一全球最大的温室气体排放国家中第一个实施气候行动计划的城市。2008 年，西雅图市温室气体减排进度超前完成《京都议定书》规定的目标。西雅图实施低碳行动，应对气候变化的经验是：一是让公众参与碳减排；二是低成本的家庭/办公室能源审计；三是强调中心城市建设，限制城市边界无限扩大；四是利用可再生能源改善电力供应结构；五是第三方评估减排结果。1990 年到 2008 年，西雅图市温室气体排放量减少了 8%，政府预计到 2030 年温室气体减排 58%，到 2050 年达到碳中和。

第三节　国内低碳城市研究与实践

一　国内低碳城市研究综述

（一）低碳城市的内涵

低碳城市的内涵不仅包含低碳能源、低碳生产、低碳生活、低碳社会、绿色建筑、城市规划，还包含公众的参与、制度建设等。国内学者分别从不同角度分析了低碳城市的内涵。金石（2008），夏堃堡（2008），辛章平、张银太等（2008），付允、汪云林等（2008）认为，低碳城市包括低碳能源、低碳生产、低碳消费、低碳生活，低碳城市发展应具有结构优化、循环利用、节能高效的经济体系，健康、节约、低碳的生活方式和消费模式。陈飞、储大建（2009）认为低碳城市涵盖建筑、交通和生产三大领域内的低碳发展模式，并涉及新能源的利用、碳汇及碳捕捉。

（二）低碳城市发展模式和实现途径

发展低碳城市要依赖低碳技术创新，转变消费理念和行为方式，减少城市的温室气体排放。李克欣（2009）认为"环境和学"理论是低碳城市建设发展的基础。刘志林、戴亦欣等（2009）提出制度创新和技术创新是低碳城市建设的核心。戴亦欣（2009）认为低碳城市发展要强调历史文化传承，治理制度设计是低碳城市发展的核心。他分析了低碳城市建设所需的治理模式和制度设计模式，提出了基于政府、公民、市场共同协作新的低碳城市发展模式。付允、汪云林

（2008）提出低碳城市的四条发展路径，即从改变能源供给入手，实现能源低碳化；转变经济发展方式，优化产业结构，降低经济发展的能耗强度；从电器使用、住宅、交通等方面入手，改变传统生活方式，实现社会发展的低碳；通过发展减少温室气体排放的低碳技术为城市提供技术支撑。辛章平、张银太等（2008）指出，低碳城市要实行可持续的生产方式和生活模式，循环经济和清洁生产是实现低碳生产的基础。新能源利用、清洁技术、绿色规划、绿色建筑和绿色消费等是实现城市可持续发展的必由之路。

（三）低碳城市的碳排放分析

城市的碳排放分析主要是涉及温室气体排放量测算和排放模型研究。钱杰和俞立中（2003），赵敏、张卫国和俞立中（2009），郭茹等（2009）研究了上海市的碳排放量；黄金碧、黄贤金（2012）核算了江苏省城市的碳排放量；刑芳芳等（2007）指出自2002年以来北京终端能源碳消费结构基本趋于稳定，但能源结构调整未能抵消能源消费增加带来的碳消费增量。碳排放模型包括中国的 MARKAL - MACRO 模型（陈文颖等，2003）、基于扩展的 Kaya 恒等式的因素分解模型（朱琴等，2009）、区域能源消费分解模型（马晓微等，2007）等。

（四）低碳城市的发展规划研究

顾朝林等（2009）从低碳城市规划研究的角度，论述了低碳发展模式的经济性研究、低碳城市模式研究、低碳城市规划研究、低碳城市生活方式规划研究、低碳城市规划政策研究、低碳城市规划治理研究的现状，认为低碳城市规划是我国低碳城市发展的关键技术之一。赵刚（2010）也指出发展低碳城市，须规划先行。顾朝林、叶祖达等（2009）强调从低碳城市规划入手来寻求城市的低碳化发展，将低碳理念贯穿于城市的规划体系中，在探索面向未来的可持续低碳城市发展模式中，应有差异化的、多样化的标准。国内外许多学者坚持的一个观点就是，紧凑化的城市结构对城市低碳化有着十分重要的意义。

（五）低碳城市的评价指标体系

潘家华（2008）认为低碳城市评价指标体系至少包含碳生产率、

低碳能源结构、生活消费、低碳政策四大指标。陈飞、储大建（2009）基于能源利用构建了低碳城市发展模型，从建筑、城市交通、生产等方面提出低碳城市分项指标，并针对不同情境提出城市低碳发展目标和策略。中国社科院、国家发改委能源研究所、英国查塔姆研究所等五家中外研究机构共同发布了由低碳生产力、低碳消费、低碳资源和低碳政策四大类 12 个相对指标构成的标准体系。这是我国首个低碳城市评价体系。吉林市以此作为建设低碳城市的适用标准，进行了详细的规划。

二 国内低碳城市的实践

（一）世界自然基金会中国低碳城市发展项目

为促进城市建设和发展模式的转型，2008 年 1 月，世界自然基金会（WWF）在中国启动了低碳城市发展项目。上海和保定成为首批试点的两个城市。上海市在崇明岛、南汇区临港新城等地规划建设了"低碳经济实践区"，并在世博园区大规模推广应用了低碳技术。2008年 12 月，保定市政府公布了《关于建设低碳城市的意见（试行）》，制定了《保定市低碳城市发展规划纲要（2008—2020 年）（草案）》。这是中国首个以政府文件形式提出的促进低碳城市发展的文件。保定市低碳城市建设"路线图"，可以概括为一个理念、二个阶段性目标、三个主要任务和六项重点工程。

（二）中英崇明东滩生态城项目

2001 年上海市确定将崇明岛建设为生态岛，提出崇明是上海面向未来的生态战略空间和重要的生态屏障。2005 年 11 月，上海实业集团与英国奥雅纳规划工程国际咨询公司分别代表中英双方签署了崇明东滩生态城规划项目。2007 年 1 月，英国奥雅纳规划工程国际咨询公司完成《东滩生态启动区控制性详细规划补充报告》，上海市规划院编制了《东滩南部启动区控制性详细规划》，并得到上海市政府的批复。

（三）中新天津生态城项目

中新天津生态城是中国和新加坡两国政府应对气候变化，在环保、节能低碳领域进行的战略性合作项目。中新天津生态城在学习借鉴国际先进生态城市的建设理念和发展经验基础上，编制了城市总体规划、生态城指标体系、绿色建筑标准、低碳产业促进办法等一系列具有广泛指导意义的生态城市开发建设规范文件。围绕生态城建设目标的 26 项指标，生态城管委会编制了细化方案，使之成为具有可操作性的生态城建设"路线图"。方案由 100 项统计方法、51 项核心要素、275 项控制目标、129 项关键环节和 723 项具体控制措施构成，涉及领域包括绿色建筑、水资源利用、绿色交通、节能减排、垃圾处理、可再生能源等。

（四）气候组织的中国城市低碳领导力项目

气候组织（The Climate Group）于 2008 年在中国正式推出城市低碳领导力项目。该项目归纳总结了政策、技术、投融资、合作四个低碳领导力要素，围绕这四个要素探索基于市场的"一揽子"低碳解决方案，协助地方政府制定切实可行的政策，推动多方参与城市的低碳转型。气候组织计划利用 3—5 年时间，建立由 15—20 个城市构成的低碳生态城市网络，这些城市不仅包括上海、天津等大城市，也包括沈阳、德州等二三线城市。

（五）其他城市的低碳行动

2009 年 12 月，杭州市通过了《杭州市关于建设低碳城市的决定》，在全国率先提出"实施低碳新政，建设低碳城市"，并从低碳经济、低碳交通、低碳建筑、低碳环境、低碳生活、低碳社会六个方面推进低碳城市建设。

2010 年 2 月 20 日，江西省南昌市成为国家第一批低碳经济试点城市。根据规划建设目标和地区经济社会发展情况，南昌市规划了湾里区生态园林区等四大低碳经济示范区。

2010 年 3 月，吉林省吉林市成为国内被国家发改委选为开展低碳经济方法学和案例研究的城市，并成为首个适用中国社科院低碳城市评估标准的城市。由国家发改委能源所、中国社科院等四家机构从重工业技术升级改造、发展可再生能源和低碳能源等方面为吉林市勾画出一条清晰的低碳发展路线图。

2010 年 3 月，《无锡市低碳城市发展战略规划》成为国内首个被国家相关领域专家评审的低碳城市规划。规划提出从低碳产业、低碳交通与物流、低碳法规、低碳城市建设、低碳生活与文化、碳汇吸收与利用六个方面推进无锡低碳城市建设。

第四节 低碳经济发展下青岛市面临的机遇与挑战

一 低碳经济发展下的挑战

(一) 我国 CO_2 排放强度相对较高

改革开放以来,我国经济发展一直保持着快速发展的势头,能源消耗和 CO_2 排放均呈上升的趋势。排放总量从 1978 年的 14.83 亿吨增加到 2009 年的 75.18 亿吨,年均增长 5.4% (见表 1-2)。人均排放量从 1978 年的 1.5 吨/年增加到 2009 年的 5.6 吨/年,年均增长 4.4%。[①]

2003 年以来我国 CO_2 排放量快速增长,年均增长 10.0%,其中 2003 年、2004 年、2005 年增速分别达到 17.4%、15.7% 和 10.2%,远高于其他国家。尽管我国单位 GDP 的 CO_2 排放量一直呈现下降趋势,但是仍明显高于世界平均水平。以 2008 年为例,如果按汇率法和不变价美元计算,我国 CO_2 排放强度为 26.5 吨/万美元,是世界平均水平的 3.4 倍、日本的 9.8 倍、德国的 6.5 倍、巴西的 5.2 倍、美国的 4.8 倍、印度的 1.5 倍。如果按购买力平价 (PPP) 法和不变价国际美元计算,我国 CO_2 排放强度为 9.4 吨/万国际美元,是世界平均水平的 1.9 倍、日本的 2.7 倍、德国的 3.0 倍、巴西的 3.9 倍、美国的 1.9 倍、印度的 2.1 倍。[②]

---

① 数据来源于 *BP Statistical Review of World Energy* 2010;金三林:《我国二氧化碳排放的特点、趋势及政策取向》,《中外能源》2010 年第 6 期。

② 金三林:《我国二氧化碳排放的特点、趋势及政策取向》,《中外能源》2010 年第 6 期。

表 1 - 2   我国历年 CO_2 排放量及单位 GDP CO_2 排放强度

年份	排放量 （百万吨）	单位 GDP CO_2 排放强度 （现价）（吨/万元）	单位 GDP CO_2 排放强度 （1978 年不变价）（吨/万元）
1978	1483.29	40.7	40.7
1980	1501.25	33.0	35.5
1985	1930.44	21.4	27.5
1990	2478.09	13.3	24.1
1995	3281.27	5.4	17.9
2000	3381.70	3.4	12.2
2001	3455.70	3.2	11.5
2002	3648.10	3.0	11.2
2003	4284.30	3.2	11.9
2004	4956.00	3.1	12.5
2005	5463.50	3.0	12.5
2006	5997.70	2.8	12.3
2007	6468.00	2.5	11.7
2008	6907.90	2.3	11.5
2009	7518.50	2.2	—

资料来源：BP Statistical Review of World Energy 2010；金三林：《我国二氧化碳排放的特点、趋势及政策取向》，《中外能源》2010 年第 6 期。

（二）能源结构呈现高碳性特征

目前，青岛市一次能源消费量中，煤炭和石油消费占有绝对比重，特别是煤炭几乎占据"半壁江山"，尽管近几年煤炭消费的比重在下降，但其消费的绝对量却在不断增加（见表 1 - 3），而煤炭的利用效率比石油和天然气低 20% —30%。我国的能源资源条件和经济发展水平，决定了以煤为主的能源生产和消费结构在未来相当长的一段时间将不会发生根本性的改变。这就使青岛市在降低单位能源的 CO_2 排放强度方面面临很大的困难。

表1-3 　　　2005—2008 年青岛市输入能源消费结构 　　单位:%

年份	煤炭	石油	电力	天然气
2005	45.67	38.47	5.72	5.14
2006	50.42	34.92	5.01	5.25
2007	48.14	38.67	4.28	4.61
2008	48.08	40.29	4.44	5.23

资料来源：青岛市统计局。

（三）青岛市经济发展模式粗放

尽管青岛市单位地区生产总值能耗呈下降趋势，但是与国内其他先进城市相比，仍旧存在一定差距（见表1-4、表1-5）。目前青岛市经济增长仍属于典型的粗放型增长模式，使青岛市未来的经济发展面临严重的资源约束，难以实现可持续发展。

表1-4 　　2005—2009 年青岛市单位地区生产总值能耗情况

年份	单位地区生产总值能耗 （吨标准煤/万元）	单位地区生产总值电耗 （千瓦时/万元）
2005	0.99	721.20
2006	0.95	694.78
2007	0.90	660.36
2008	0.85	617.07
2009	0.80	570.56

资料来源：青岛市统计局。

（四）青岛市部分产品能耗高

"十一五"以来，青岛市重点用能企业的产品单位能耗绝大多数呈下降趋势。青岛市不少重点用能企业的产品单位能耗，如原油加工综合能耗、轮胎综合能耗、吨钢综合能耗、供热综合能耗、热电企业供电标准煤耗等，与山东省平均水平或 2010 年的定额目标尚有一定差距。这其中一个重要的原因是目前的能源供应与转换、输配技术、工业生产技术和其他能源终端使用技术等与先进地区相比存在较大的差距。

表 1-5　　　　　2008 年城市单位地区生产总值能耗情况

项目	青岛	无锡	杭州	宁波	广州	深圳
单位地区生产总值能耗（吨标准煤/万元）	0.85	0.80	0.75	0.84	0.68	0.54
单位地区生产总值电耗（千瓦时/万元）	617.07	1164.14	1007.00	1093.00	714.85	785.5.0

资料来源：青岛市统计局、无锡市统计局、浙江省统计局和广东省统计局。

二　低碳经济发展下的机遇

（一）为青岛市调整产业结构创造条件

青岛市经济发展面临着"转方式、调结构"的重要任务。低碳经济是以低能耗、低污染、低排放为基础的经济模式。发展低碳经济必然给资源消耗少、技术含量高、能耗低、排放少、效益高的新能源、新材料、信息技术、新医药、生物医药、节能环保、电动汽车等战略性新兴产业提供更多的发展机会和更大的发展空间。发展低碳经济要求未来的产业发展不再是低水平的重复建设，而是逐渐向产业高端延伸。可以说，大力发展战略性新兴产业，调整和优化产业结构，突破青岛市经济发展过程中资源和环境瓶颈性约束，是低碳经济发展的必经之路。

（二）为青岛市在新能源领域的技术突破创造条件

发展低碳经济必然要求优化青岛市高碳特性的能源结构，降低一次性能源消费的碳排放，提高可再生能源、新能源在能源结构中的比重。与发达国家相比，我国在可再生能源、新能源技术上的差距要小于传统能源技术领域和其他传统技术领域。青岛市在新能源、节能环保领域具有较雄厚的研究开发能力，某些太阳能、可再生能源产品的商业化应用走在全国前列。低碳经济的发展为这些技术的应用和进一步提升创造了条件，使青岛市有可能在上述领域实现突破，形成自己的技术优势。

（三）为提升青岛市区域竞争优势创造条件

与其他地区相比，青岛市具有得天独厚的区位优势、良好的工业基础和高素质的劳动力，低碳经济的发展催生出对高效能源设备、节能环保设备的市场需求。青岛市完全有能力在这一领域中占有一席之地，从而改变目前青岛市工业产品难以进入高附加值产业和环节的竞争格局，提升青岛市城市发展的竞争力。

（四）为青岛市获得国际上的资金和技术创造条件

全球气候变化合作机制和低碳经济的发展，为发展中国家提供了与节能减排有关的资金和技术支持。联合国气候变化合作框架下的CDM机制就是专门针对发展中国家的。青岛市完全可以充分利用这一机制，发展低碳产业并以此获取相应的资金和技术。对于青岛市而言，这是传统产业发展所不具备的外部条件。

第五节　问题的提出与研究意义

一　研究问题的提出

我国政府已将单位 GDP CO_2 作为约束性指标纳入国民经济和社会发展中长期规划，并提出到 2020 年我国 CO_2 排放强度比 2005 年下降 40%—45%。国内许多城市以此为契机，开始着手以低能耗、低污染和低排放为基础的低碳城市建设工作。

作为国家蓝色经济发展的先行区、山东半岛蓝色经济区的核心区和高端产业聚集区，青岛市正处在经济发展的又一个关键时期。如果从测算青岛市 CO_2 排放量入手，描述未来青岛市 CO_2 排放趋势，运用 3E 分析方法对青岛市发展低碳城市的适应性进行评价，并提出相应对策，对进一步推动城市碳减排工作，加快青岛市产业结构调整，实现率先建成低碳城市的目标，都具有十分现实的意义。

目前，碳排放、低碳经济、低碳城市的研究成果逐渐增多，但多数是从国家层面、全球气候变化等角度进行研究，从城市管理、区域经济角度的研究较少。很多研究仅仅侧重某一方面，如产品、技术、气候等，很少从经济、环境、能源等方面综合考虑碳减排政策对区域经济的影响，以及不同发展程度、不同产业结构条件下区域经济的适应性等问题。

二　研究的意义

首先，本书不仅从宏观角度考虑碳减排问题，还借鉴其研究思路从能源、经济、环境多角度考察低碳城市的价值。

其次，本书将给不同地区低碳城市发展适应性评价研究提供一种新的思路和方法。

最后，本书一定程度上弥补了目前有关低碳经济研究中较少考虑地区差异性的不足，拓展了研究视野。

第二章　青岛市能源利用状况分析

第一节　青岛市能源利用概况分析[①]

一般而言，经济的增长必然伴随着能源消费量的增加。"十一五"期间，青岛市能源消费量增长了 37.2%，而地区生产总值增长了 70.5%。[②] 分析青岛市这一阶段的能源利用状况可以为未来能源需求预测提供基础信息。

进入"十一五"后，青岛市经济仍旧保持较快的增长势头。2009 年青岛市实现地区生产总值 4890.33 亿元，比 2005 年增加了 2194.83 亿元，年均增长速度 14.26%。2010 年前三季度青岛市地区生产总值增长 13.3%。

伴随着经济的发展，青岛市能源消费量也逐年增加。2009 年青岛市全社会能源消费总量为 3652.76 万吨标准煤，比 2005 年的 2662.34 万吨标准煤，增加了 990.42 万吨标准煤，增长了 37.2%，年均增长率为 8.23%。其中，各产业及居民生活终端能源消费量 3080.85 万吨标准煤，占全社会综合能源消费量的 84.3%，比 2005 年下降了 4.8 个百分点；能源加工转换损失量 512.43 万吨标准煤，占全社会综合能源消费总量的 15.7%，比 2005 年增加了 330.1 万吨标准煤，上升了 4.8 个百分点。

---

① 除特别注明外，本节中的数据均来自青岛市统计局。
② 按可比价计算。

在青岛市能源消费总量中，第二产业比重最高，占能源消费总量的一半以上；其次是第三产业，占能源消费总量的30%左右；排在第三位的是城乡居民生活用能，占能源消费总量的10%左右；第一产业能源消费所占比重最小，占能源消费总量的2%左右（见表2-1）。

表2-1　　　　　2005—2009年青岛市不同产业能源消费结构　　　单位：%

年份	第一产业	第二产业	第三产业	居民生活
2005	2.44	59.82	24.63	13.10
2006	2.18	74.26	13.51	10.05
2007	2.00	73.99	14.32	9.70
2008	1.94	58.71	29.31	10.04
2009	1.86	56.72	30.53	10.90

注：数据经四舍五入。

资料来源：青岛市统计局。

一　青岛市能源加工转换情况

（一）电力加工转换

截至2009年年底，青岛市发电总装机容量366.98万千瓦，比2005年增加152.98万千瓦。其中，全市两座主力发电厂总装机容量297万千瓦，21座热电厂总装机容量40.035万千瓦，风力发电厂总装机容量1.635万千瓦。2009年青岛市火力发电投入原煤785.81万吨，比2005年增加241.6万吨；共发电172.66亿千瓦时，比2005年增加84.94亿千瓦时，增长了96.83%，年均增长率为18.4%。电力的加工转换效率为38.55%，比2005年增加3.86个百分点。2008年青岛市纯发电企业发电标准煤耗为314.24克标准煤/千瓦时，比山东省平均水平低9.03克标准煤/千瓦时；热电企业发电标准煤耗为412.97克标准煤/千瓦时，比山东省平均水平高54.14克标准煤/千瓦时。

（二）热力加工转换

截至 2008 年，青岛市市内四区[①]已建成热电厂 5 座、集中供热站 20 个，蒸汽供热管网总长度为 227 千米，热水供热管网总长度为 923 千米。市内四区实现集中供热面积为 3462 万平方米，热化率达到 54%。

2009 年青岛市供热行业投入原煤 373.03 万吨，比 2005 年增加 149.22 万吨，增长了 66.68%；产出热力 6172.56 万吉焦，比 2005 年增加 2099.23 万吉焦，增长了 51.54%（见表 2-2）。能源转换平均综合效率为 76.91%，比 2005 年降低了 4.52 个百分点。[②]

表 2-2　　青岛市重点耗能工业企业能源加工转换情况的比较

能源品种	单位	能源加工转换投入			能源加工转换产出		
		2009 年	2005 年	增幅（%）	2009 年	2005 年	增幅（%）
原煤	吨	11588434	7680153	50.89	—	—	—
洗精煤	吨	1148558	617282	86.07	—	—	—
型煤	吨	—	—	—	—	—	—
焦炭	吨	—	—	—	868359	461987	87.96
其他焦化产品	吨	—	—	—	24317	23716	2.53
焦炉煤气	万立方米	—	—	—	7523	14628	-48.57
其他煤气	万立方米	—	—	—	2000		
原油	吨	10893404	2043064	433.19	—	—	—
汽油	吨	—	—	—	3051024	555632	449.11
煤油	吨	—	—	—	365754		
柴油	吨	745	2226	-66.53	4375323	883693	395.12
燃料油	吨	680594	1482265	-54.08	174412	818977	-78.70
液化石油气	吨	—	2933	—	777129	155800	398.80
炼厂干气	吨	35877	47553	-24.55	247524	1875	13101.28

---

①　青岛市的市内四区指的是市南区、市北区、四方区和李沧区。2012 年 12 月，青岛市调整部分行政区划，撤销了原市北区、四方区，设立新的青岛市市北区。"市内四区"变为"市内三区"。

②　为保持精度统一，正文中数字仅保留小数点后两位。下同。

续表

能源品种	单位	能源加工转换投入			能源加工转换产出		
		2009 年	2005 年	增幅（%）	2009 年	2005 年	增幅（%）
其他石油制品	吨	777382	—	—	3077144	399036	671.14
热力	百万千焦	274108	—	—	61725593	40733263	51.54
电力	万千瓦时	—	—	—	1809415	800874	125.93
其他燃料	吨标准煤						

资料来源：根据《青岛市能源统计年鉴2006》《青岛市能源统计年鉴2010》整理。

（三）炼焦及制气

2009 年，炼焦及制气投入洗精煤 114.86 万吨，较 2005 年增加了 53.12 万吨，产出焦炭 86.84 万吨，较 2005 年增加了 40.63 万吨，增长了 87.96%（见表 2-2）。

（四）原油加工转换

"十一五"期间，中石化青岛千万吨大炼油项目正式建成投产，青岛市原油加工能力大幅度提高。2009 年青岛市加工转换原油 1089.34 万吨，比 2005 年增加了 885.03 万吨，增长了 433.19%。炼油产出石油制品、成品油合计 901.73 万吨，折标准煤 1506.55 万吨，产出量比 2005 年增长了 332.24%。产出物所占比重变化见表 2-3。

表 2-3　　　　　　　　青岛市原油加工转换产出结构变化

年份		2009	2005
产出石油制品、成品油合计		901.73 万吨	208.62 万吨
		1506.55 万吨标准煤	315.57 万吨标准煤
其中	汽油	29.80%	23.33%
	煤油	3.57%	—
	柴油	42.32%	39.01%
	燃料油	1.65%	—
	液化石油气	8.84%	21.98%
	炼厂干气	2.58%	2.74%
	其他石油制品	11.23%	12.94%

资料来源：根据《青岛市能源利用状况报告》《青岛统计年鉴2010》整理。

二　青岛市"十一五"期间终端能源消费

2009 年青岛市终端能源消费量为 3080.85 万吨标准煤，比 2005 年增长了 29.78%，年均增长速度为 6.73%（见表 2-4）。终端能源消费的品种主要有煤炭（包括原煤、洗精煤、其他洗煤和煤制品、焦炭），电力，油品（包括汽油、煤油、柴油、燃料油和其他石油制品），气体燃料（包括天然气、液化石油气、炼厂干气、焦炉煤气）和热力等。自"十一五"以来，在各种能源消费量提高的同时，清洁能源所占比重也在逐步提高，能源消费结构呈现逐步优化的趋势（见图 2-1）。

表 2-4　　　　　　　　终端能源消费品种及构成　　单位：万吨标准煤、%

年份		煤炭、焦炭	油品	气体燃料	热力	电力	其他能源	合计
2009	消费量	875.43	1447.39	192.55	352.16	210.08	3.24	3080.85
	比重	28.42	46.98	6.25	11.43	6.82	0.11	100.00
2005	消费量	693.25	1117.37	135.56	274.04	145.98	7.69	2373.89
	比重	29.20	47.07	5.71	11.54	6.15	0.32	100.00

注：数据经四舍五入。

资料来源：根据《青岛市能源利用状况报告 2005》《青岛市能源利用状况报告 2009》整理。

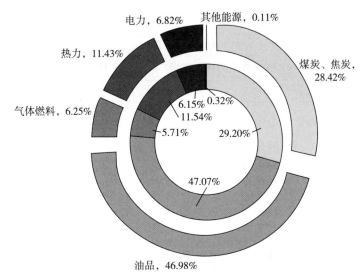

图 2-1　2005 年与 2009 年终端能源消费结构比较

注：内圈为 2005 年数据。

（一）终端煤炭、焦炭消费

2009 年，青岛市终端煤炭（包括原煤、洗精煤、其他洗煤和煤制品）、焦炭消费量为 875.43 万吨标准煤，比 2005 年增加了 182.18 万吨标准煤，增长了 26.28%（见表 2-4）。

2008 年，青岛市终端煤炭（包括原煤、洗精煤、其他洗煤和煤制品）、焦炭消费量为 830.37 万吨标准煤，比 2005 年增加了 53.98 万吨标准煤，增长了 6.95%。其中，原煤消费比 2005 年减少 16.9 万吨，洗精煤、焦炭消费量变化不大，煤制品消费比 2005 年增加了 92 万吨。煤炭消费主要集中在第二产业，2008 年第二产业原煤消费占原煤总消费量的 86.6%。2005 年和 2008 年分品种的终端煤炭、焦炭消费构成见表 2-5、表 2-6。

表 2-5　　　　　2005 年终端煤炭、焦炭消费构成（实物量）　　　单位：万吨

	原煤	洗精煤	煤制品	焦炭	其他洗煤和煤制品
第一产业	4.89	0.00	0.00	0.00	0.00
第二产业	687.86	79.48	1.13	179.50	0.03
第三产业	50.45	0.00	0.00	0.00	0.00
生活消费	17.44	0.00	0.21	0.00	0.00
合计	760.64	79.48	1.34	179.50	0.03

资料来源：《青岛市能源利用状况报告 2005》。

表 2-6　　　　　2008 年终端煤炭、焦炭消费构成（实物量）　　　单位：万吨

	原煤	洗精煤	煤制品	焦炭
第一产业	8.49	0.00	0.00	0.00
第二产业	644.93	77.20	68.32	177.37
第三产业	18.62	0.00	8.87	0.00
生活消费	72.98	0.00	15.83	0.00
合计	745.02	77.20	93.02	177.37

资料来源：《青岛市能源利用状况报告 2008》。

（二）终端油品消费

2009 年，青岛市终端油品（包括汽油、煤油、柴油、燃料油和其他石油制品）消费量为 1447.39 万吨标准煤，比 2005 年增加了 330.02 万吨标准煤，增长了 56.99%，年均增长速度为 6.68%。

2008 年，青岛市终端油品（包括汽油、煤油、柴油、燃料油和其他石油制品）消费量为 1123.29 万吨标准煤。其中，汽油、煤油、柴油和其他石油制品消费量均有不同程度增加，而燃料油消费量下降幅度较大，减少了 45.4%。2008 年和 2005 年分品种的终端油品消费构成见表 2-7、表 2-8。

表 2-7　　　　　　2008 年终端油品消费构成（实物量）　　　单位：万吨

	原油	汽油	煤油	柴油	燃料油	其他石油制品
第一产业	0.00	5.89	0.82	30.56	0.00	0.00
第二产业	2.05	53.56	1.89	86.54	160.70	158.64
第三产业	0.00	86.70	1.47	121.31	42.21	0.00
生活消费	0.00	11.46	0.00	15.75	0.00	0.00
合计	2.05	157.61	4.18	254.16	202.91	158.64

资料来源：《青岛市能源利用状况报告 2008》。

表 2-8　　　　　　2005 年终端油品消费构成（实物量）　　　单位：万吨

	原油	汽油	煤油	柴油	燃料油	其他石油制品
第一产业	0.00	4.65	0.00	25.86	0.00	0.00
第二产业	9.80	23.05	1.66	26.07	362.45	2.30
第三产业	0.00	32.73	0.00	133.92	9.41	0.00
生活消费	0.00	5.01	0.00	15.26	0.00	0.00
合计	9.80	65.44	1.66	201.11	371.86	2.30

资料来源：《青岛市能源利用状况报告 2005》。

（三）终端气体燃料消费

青岛市终端气体燃料消费以液化石油气、炼厂干气和天然气为

主。2009 年，气体燃料消费总量为 192.55 万吨标准煤，较 2005 年增
加 56.99 万吨标准煤，增长了 42.04%。2005 年和 2009 年终端气体
燃料消费构成见表 2-9、表 2-10。

表 2-9　　　　　　　　2009 年终端气体燃料消费构成

	焦炉煤气（亿立方米）	其他煤气（亿立方米）	液化石油气（万吨）	炼厂干气（万吨）	天然气（亿立方米）
第一产业	0.0000	0.0000	0.0000	0.0000	0.0000
第二产业	0.5323	0.2099	1.2721	31.8591	0.0000
第三产业	0.1213	0.0000	5.0581	0.0000	1.8855
生活消费	0.0987	0.0000	3.3419	0.0000	0.8093
合计	0.7523	0.0000	9.6721	31.8591	2.6948

资料来源：《青岛统计年鉴 2010》。

表 2-10　　　　　　　　2005 年终端气体燃料消费构成

	焦炉煤气（亿立方米）	其他煤气（亿立方米）	液化石油气（万吨）	炼厂干气（万吨）	天然气（亿立方米）
第一产业	0.00	0.00	0.00	0.00	0.00
第二产业	0.58	0.05	21.50	5.92	1.36
第三产业	0.00	0.03	17.77	0.00	0.00
生活消费	0.00	0.00	6.56	0.00	8.65
合计	0.58	0.08	45.83	5.92	10.01

资料来源：《青岛市能源利用状况报告 2005》。

（四）终端电力消费

2009 年青岛市全社会用电量 259.42 亿千瓦时，比 2005 年增加了
65.61 亿千瓦时，增长了 33.85%。其中，工业用电 168.12 亿千瓦
时，城乡居民生活用电 43.29 亿千瓦时，分别比 2005 年增长 31.51%
和 28.23%（见表 2-11）。

（五）终端热力消费

2009 年，青岛市终端热力消费 6172.56 万吉焦，比 2005 年增加

表 2-11　　　　　　　2005—2009 年电力消费构成　　　单位：亿千瓦时

项目	2005 年	2006 年	2007 年	2008 年	2009 年
全年实际用电量	193.81	215.35	236.42	250.07	259.42
其中：工业	127.84	143.71	158.32	165.21	168.12
农业	2.40	3.20	4.49	5.04	5.33
生活	33.76	38.38	37.40	40.31	43.29
平均每日用电量	0.53	0.59	0.65	0.69	0.71

资料来源：根据《青岛统计年鉴》（2006—2010）整理。

了 2099.23 万吉焦，增长了 51.53%。其中，第二产业消费热力 3397.42 万吉焦，比 2005 年增长了 24.16%；第三产业与城市生活终端热力消费 2775.14 万吉焦，比 2005 年增长了 107.57%。[①]

城市生活终端热力消费的大幅上升主要是因为城市生活集中供热面积逐步增加。截至 2009 年年底，青岛市区集中供热面积达到 5871 万平方米，集中供热普及率达到 57%，供热总面积比 2005 年增加了 3544 万平方米，增长了 147.6%，热化率比 2005 年提高了近 21 个百分点。

三　青岛市可再生能源利用

（一）风能利用

青岛市并网发电的风电项目位于即墨市温泉镇华威风力发电场。它由青岛高科园东亿实业总公司与德国恩德公司合资建设。该项目装机容量为 1.635 万千瓦，占全市发电装机容量的 0.45%。2002 年 11 月，项目设备完成安装，并与本地电网成功并网，投入发电运行。其中，单机 250 千瓦的风电机组 3 台，单机 1300 千瓦的风电机组 12 台。此项目年发电量维持在 2000 万千瓦时左右。2008 年发电量达到 2170 万千瓦时，比上年增加了 2.44%。

（二）生物质能利用

2008 年，青岛市新建农村户用沼气池 13250 口，累计建设 51657

---

① 数据来源于《青岛统计年鉴 2010》。

口，总池容 41. 33 万立方米，年总产气量 1509. 984 万立方米，年可节省常规能源折合标准煤 2. 3728 万吨；在养殖小区或养殖大户建设大中小型沼气工程 32 处，累计建设 78 处，总容积达 2. 151 万立方米，年总产气量 217. 594 万立方米，年度可节省常规能源折合标准煤约 0. 342 万吨；累计建设"四位一体"能源生态模式 1170 座，沼气池容 1. 17 万立方米，年总产气量 468 万立方米，年可节省常规能源折合标准煤约 0. 7354 万吨；累计建设秸秆气化集中供气站 14 处，年供气量 597 万立方米；利用秸秆 4000 吨，年可节省常规能源折合标准煤约 0. 2 万吨或可转化电力 0. 096 亿度，使 2700 农户用上了清洁能源——秸秆燃气。

（三）太阳能利用

2008 年青岛市日照时数为 2171. 8 小时，太阳能资源丰富。太阳能光热应用面积 400 万平方米，利用太阳能折标准煤约 60 万吨；太阳能光电应用面积 0. 16 万平方米，节电约 28. 6 万千瓦时。

第二节 青岛市"十二五"能源需求情景设定

未来青岛市能源消费需求会受到产业结构、经济增长速度、能源消费品种等诸多因素的影响，考虑到"十二五"期间影响因素变化的各种可能性，采用情景分析的方式，设定青岛市能源需求的情景。

一 青岛市"十二五"期间不同地区生产总值增长速度的情景设定

2000—2009 年青岛市地区生产总值从 205. 65 亿元增加到 4890. 33 亿元，年均增长率为 14%。以青岛市 2000—2009 年地区生产总值数据为基础，分别按照指数平滑法、趋势外推法建立预测模型，对青岛市"十二五"期间地区生产总值进行预测。

鉴于青岛市历年地区生产总值数据呈明显上升趋势且波动不大，指数平滑法模型中平滑系数取 0. 7。预测模型为：

$$Y_{t+T} = 4901. 36 + 529. 55T \quad (\alpha = 0. 7)$$

在趋势外推中采用相关系数验证，发现采用二次抛物线模型和指数模型拟合度较好（见图 2 - 2、图 2 - 3）。预测模型分别是：

$$Y_t = 28.928t^2 + 107.35t + 1025.7$$

$$Y_t = 992.88e^{0.1642t}$$

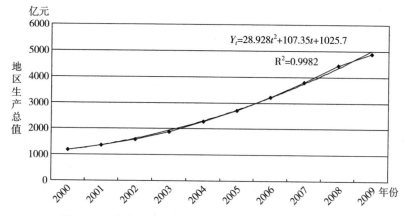

图 2 - 2　青岛市地区生产总值预测（二次抛物线模型）

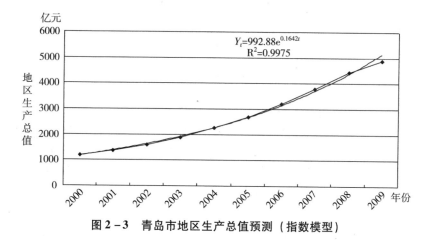

图 2 - 3　青岛市地区生产总值预测（指数模型）

2010—2015 年地区生产总值预测结果如表 2 - 12 所示。

基于以上预测结果，针对"十二五"期间青岛市地区生产总值增长的趋势，设计了高、中、低三种情景，如表 2 - 13 所示。这与青岛市发改委对"十二五"期间经济增长趋势的判断基本吻合。由此确定在"十二五"期间，在青岛市经济增长的高、中、低三种情景下，增长率分别为 13%、12% 和 11%。

表 2 - 12　　　　2010—2015 年青岛市地区生产总值预测值　　单位：亿元

年份	指数模型 预测值	二次抛物线模型 预测值	指数平滑法模型 预测值（α = 0.7）
2010	6043.9	5706.8	5430.9
2011	7122.5	6479.5	5960.5
2012	8393.5	7310.1	6490.0
2013	9891.3	8198.5	7019.6
2014	11656.4	9144.8	7549.1
2015	13736.5	10148.9	8078.7

注：预测值为当年价。

表 2 - 13　　　　2010—2015 年青岛市地区生产总值
增长的三种情景及预测　　单位：亿元

年份	地区生产总值增长情景		
	Ⅰ（高）	Ⅱ（中）	Ⅲ（低）
	13%	12%	11%
2009	4890.33（实际值）		
2010	5192.78（根据 2010 年前三季度预测）		
2011	5867.84	5815.91	5763.99
2012	6630.66	6513.82	6398.02
2013	7492.65	7295.48	7101.81
2014	8466.69	8170.94	7883.01
2015	9567.36	9151.45	8750.14

注：预测值为 2009 年可比价。

二　青岛市"十二五"能源分品种的消费情景

（一）电力消费情景设定

2001—2009 年青岛市电力消费量从 116.10 亿千瓦时增加到 259.40 亿千瓦时，年均增长率为 10.36%。由于根据历年相关数据计算的电力消费弹性系数波动较大（见表 2 - 14），所以采用 2001—2009 年电力消费弹性系数的平均值确定未来电力需求情景。

表 2-14　　　　2001—2009 年青岛市电力消费弹性系数

项目	2001年	2002年	2003年	2004年	2005年	2006年	2007年	2008年	2009年	2001—2009年平均增长速度
全年实际用电量（亿千瓦时）	116.10	131.44	147.68	167.95	193.81	215.35	236.42	250.07	259.40	10.36%
地区生产总值（亿元）	1368.55	1583.51	1869.44	2270.16	2695.82	3206.58	3786.52	4436.18	4890.33	—
地区生产总值增速（%）	13.70	14.50	16.30	16.70	16.90	15.70	16.00	13.20	12.20	15.01%
电力增速（%）	8.71	13.20	12.36	13.73	15.40	11.11	9.78	5.77	3.73	—
电力消费弹性系数	—	0.91	0.76	0.82	0.91	0.71	0.61	0.44	0.31	0.69

资料来源：根据《青岛统计年鉴》（2001—2009）和《2009年青岛市国民经济和社会发展统计公报》整理。

2001—2009 年电力消费弹性系数的平均值为 0.69，则未来电力消费增长的三种情景分别为 9.0%、8.3% 和 7.6%（见表 2-15）。

表 2-15　　　　2010—2015 年青岛市电力需求的三种情景　　　单位：%

	需求情景		
	Ⅰ（高）	Ⅱ（中）	Ⅲ（低）
地区生产总值增长率	13	12	11
电力需求增长率	9.0	8.3	7.6

（二）煤炭消费情景设定

2005—2009 年，青岛市终端煤炭（包括原煤、洗精煤、其他洗煤和煤制品）、焦炭消费量从 693.25 万吨标准煤增加到 875.43 万吨标准煤，年均增长率为 6.01%。根据历年相关数据计算的终端能源消费弹性系数波动较大，所以采用 2005—2009 年煤炭平均消费弹性系数确定未来终端煤炭需求情景（见表 2 - 16）。

表 2 - 16　　　　2005—2009 年青岛市终端能源消费弹性系数

	煤炭、焦炭	油品	气体燃料	热力
平均增长速度（%）	6.01	6.68	9.17	6.47
弹性系数	0.43	0.48	0.66	0.47

资料来源：根据青岛市统计局提供的数据计算整理。

2005—2009 年终端煤炭平均消费弹性系数为 0.43，则未来终端煤炭消费增长的三种情景分别为 5.59%、5.16% 和 4.73%（见表 2 - 17）。

表 2 - 17　　　2010—2015 年青岛市终端能源消费需求的三种情景　　　单位：%

	Ⅰ（高）	Ⅱ（中）	Ⅲ（低）
地区生产总值增长率	13.00	12.00	11.00
煤炭需求增长率	5.59	5.16	4.73
油品需求增长率	6.24	5.76	5.28
气体燃料需求增长率	8.58	7.92	7.26
热力需求增长率	6.09	5.62	5.15

（三）石油及其制品消费情景设定

2009 年，青岛市终端石油及其制品消费量为 1447.39 万吨标准煤，比 2005 年增加了 330.02 万吨标准煤，年均增长速度为 6.68%。根据历年相关数据计算的终端石油及其制品消费弹性系数波动较大，所以采用 2005—2009 年终端石油及其制品平均消费弹性系数确定未来终端石油及其制品需求情景。

2005—2009 年青岛市终端石油及其制品平均消费弹性系数为

0.48，则未来终端石油及其制品消费增长的三种情景分别为 6.24%、5.76% 和 5.28%（见表 2-17）。

（四）气体燃料消费情景设定

2005—2009 年青岛市终端气体燃料消费量从 135.56 万吨标准煤增加到 192.55 万吨标准煤，年均增长率为 9.17%。根据历年相关数据计算的终端气体燃料消费弹性系数波动较大，所以采用 2005—2009 年终端气体燃料平均消费弹性系数确定未来终端气体燃料需求情景。

2005—2009 年青岛市终端气体燃料平均消费弹性系数为 0.66，则未来终端气体燃料消费增长的三种情景分别为 8.58%、7.92% 和 7.26%（见表 2-17）。

（五）热力消费情景设定

2005—2009 年青岛市终端热力消费量从 274.04 万吨标准煤增加到 352.16 万吨标准煤，年均增长率为 6.47%。根据历年相关数据计算的终端热力消费弹性系数波动较大，所以采用 2005—2009 年终端热力平均消费弹性系数确定未来终端热力需求情景。

2005—2009 年青岛市终端热力平均消费弹性系数为 0.47，则未来终端热力消费增长的三种情景分别为 6.09%、5.62% 和 5.15%（见表 2-17）。

需要说明的是，未来供热面积及供热量应不超过热力规划。《青岛市热电联产规划（2007—2020）》中的规划供热面积见表 2-18。

表 2-18　　　　　　　　2020 年青岛市规划供热面积

年份	2010	2020
规划建筑面积（万平方米）	9197.00	14016.04
建筑热负荷（兆瓦）	4920.00	6981.77
集中供热面积（万平方米）	5932.00	11932.00
采暖热负荷（兆瓦）	2954.80	5943.40
热化率（%）	66.78	88.13

资料来源：《青岛市热电联产规划（2007—2020）》。

（六）新能源与可再生能源消费情景设定

随着节能减排压力的逐年增加，新能源与可再生能源的利用将进入一个较快的发展时期。根据初步资源评价，青岛市的新能源与可再生能源资源中风能、太阳能、生物质能、海洋能等资源的潜力较大。新能源与可再生能源的需求，一方面由政府政策引导推动的力度决定；另一方面由技术发展程度决定。

限于历史数据的缺乏，本书对青岛市"十二五"期间新能源与可再生能源需求的分析主要是从规划项目的角度来进行。按照青岛市发改委规划，到2012年，青岛市新能源发电装机容量达到40万千瓦，2015年新能源发电装机容量达到60万千瓦，2020年新能源发电装机容量达到93万千瓦。其中：

（1）风电装机规模，2012年实现25万千瓦；2015年实现35万千瓦；2020年实现75万千瓦。

（2）太阳能光伏发电站总计容量1万千瓦。

（3）生物质发电装机规模，2012年实现3万千瓦；2015年实现6万千瓦；2020年实现11万千瓦。

（4）垃圾填埋场沼气利用工程，2012年装机规模达到1万千瓦；2015年装机规模达到2万千瓦；2020年装机规模达到4万千瓦。

（5）海洋能，规划到2012年，实现使用海水源热泵制冷、供热的建筑面积达到30万平方米，到2015年达到80万平方米。

目前正在实施项目见表2-19。

表2-19　　　青岛市正在建设的新能源和可再生能源项目

类型	项目名称	装机容量	投入运行
风能		19.8万千瓦	
生物质能	小涧西垃圾焚烧发电项目	3万千瓦	2011年第二季度
太阳能	胶南市的人民路置业园	280千瓦	
太阳能	青岛海景绿洲	100千瓦	

资料来源：笔者收集整理。

三　青岛市"十二五"产业结构变化背景下的能源需求情景设定

第一、第二、第三产业的发展趋势可以用产值结构和劳动力就业结构来反映。根据配第-克拉克定律，随着社会经济的发展，一个国家或地区劳动力首先由第一产业向第二产业转移。当人均国民收入水平进一步提高时，劳动力又向第三产业转移。结构比重转移的顺序及规律与国内生产总值产业结构的变化是一致的。一般来说，国内生产总值及劳动力在三次产业所形成的产业结构，是衡量一个国家或地区生产力发展水平的重要标志。世界各国国民经济三次产业结构发展的趋势是：随着人均国内生产总值的增大，第三产业的国内生产总值及劳动力就业人数比重将逐步提高，最终占主导地位。

基于以上理论，本书采用青岛市人均地区生产总值[①]的变化反映青岛市第一、第二、第三产业的发展趋势。

根据青岛市历年人均地区生产总值变化（见图2-4）建立趋势模型，为：

$$GDPA = 172.06T^3 - 932.19T + 5815.6$$

其中，$GDPA$ 为人均地区生产总值，T 为时间序列值。

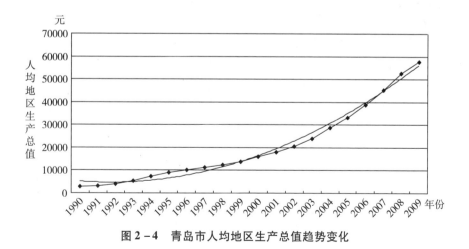

图2-4　青岛市人均地区生产总值趋势变化

① 人均国民收入通常由人均国民生产总值表示，限于缺少相应统计数据，预测中采用人均国内生产总值近似替代人均国民生产总值。对地区而言，预测采用人均地区生产总值。

进行相关系数检验，$R^2 = 0.9889$，$R = 0.9944$，说明人均地区生产总值变化与时间变化高度相关。其预测值见表 2-20。

表 2-20　　　　　2010—2015 年青岛市人均地区生产总值预测

年份	人均地区生产总值（元）
2010	62118
2011	68584
2012	75395
2013	82550
2014	90048
2015	97891

现代经济发展的经验证明，产业结构的状况在很大程度上决定着经济增长的轨迹。从青岛市发展来看，1990 年，全市三次产业结构分别为 21.7、48.0、30.3，而到 2009 年，三次产业结构已调整到 4.7、49.9、45.4。这充分说明了代表工业化、城市化水平的第二、第三产业的迅猛发展，而农业比重急剧下降。也正是这种产业结构的不断完善，才使青岛市经济稳定健康发展。

在对青岛市产业结构和人均地区生产总值的历史资料进行分析的基础上，根据未来人均地区生产总值的预测值，可预测青岛市"十二五"期间的产业结构（见图 2-5、图 2-6）。

青岛市三次产业结构的预测模型为：

$$GDPS_1 = 26.685e^{-0.0842GDPA}$$

$$GDPS_3 = 0.721GDPA + 31.475$$

$$GDPS_2 = 100 - GDPS_1 - GDPS_3$$

其中，$GDPA$ 为人均地区生产总值，$GDPS_1$ 为第一产业比重值，$GDPS_2$ 为第二产业比重值，$GDPS_3$ 为第三产业比重值。

青岛市"十二五"期间三次产业结构预测值见表 2-21。

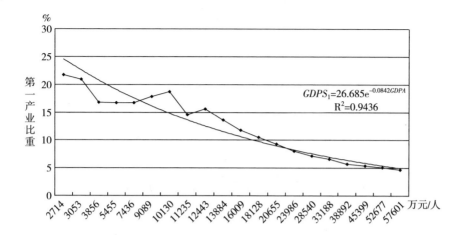

图 2-5 青岛市人均地区生产总值与第一产业比重变化相关关系

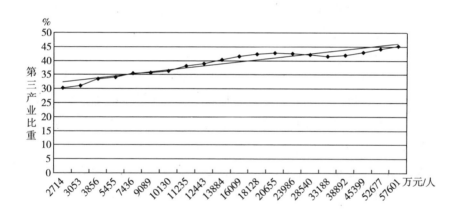

图 2-6 青岛市人均地区生产总值与第三产业比重变化相关关系

表 2-21   2010—2015 年青岛市三次产业结构预测   单位:%

年份	全市地区生产总值	第一产业	第二产业	第三产业
2010	100	4.55	48.83	46.62
2011	100	4.19	48.48	47.34
2012	100	3.85	48.09	48.06
2013	100	3.54	47.68	48.78
2014	100	3.25	47.25	49.50
2015	100	2.99	46.79	50.22

第三节　青岛市能源需求情景预测分析

能源需求预测的方法有很多种，每一种方法都有其适用条件和范围。结合青岛市能源消费的实际情况和特点，按照一定的预测原则选择适当的预测方法。

一　青岛市"十二五"能源需求情景分析的原则

（一）系统分析与重点分析相结合的原则

整个社会是一个大的系统，能源需求预测是一个系统工程。不仅要考虑影响能源需求的诸多因素及其影响程度，而且要与社会经济的发展趋势和特点相适应。在此基础上，还要对重点用能领域、重点工程进行深入分析。

（二）趋势分析与类推分析相结合的原则

通过对历年统计数据的分析，青岛市的经济发展上升趋势平稳，没有出现大幅度的波动，因此可以判断，在未来外部环境不会发生重大变化的情况下，这种发展趋势会按照目前的发展状态延续下去。

鉴于数据统计的复杂性，在趋势分析的基础上，对某些行业能源需求采用类推分析，即以典型企业的普查资料或项目的抽样调查资料为基础，进行分析判断、类推此行业的需求总量。

（三）静态比较分析和动态关联性分析相结合的原则

采用静态比较分析是对一个时间段内典型年份主要能源消费指标的对比分析，发现能源消费的特点和趋势，在此基础上根据能源消费和影响能源消费的各种因素变化情况，衡量它们之间的关系密切程度，进而建立模型进行预测。

二　青岛市"十二五"能源需求情景分析的方法

（一）趋势外推法

很多事物的发展变化与时间之间都存在一定的规律性。若能发现其规律，并用函数的形式加以量化，就可运用该函数关系去预测未来的变化趋势，这就是趋势外推法。运用趋势外推法进行能源需求预测是根据能源消费变化的规律，推测并着重研究其可能的发展趋势。它以能源消费量的时间序列数据资料为基础，揭示其发展变化规律，并通过建立适当的预测模型，推断其未来变化的趋势。

（二）弹性系数法

能源消费弹性系数，简称能源消费弹性。它是指能源消费年均增长率与国民经济年均增长率的比值，是反映能源消费与国民经济发展之间关系的一个宏观指标。能源消费弹性系数法是用来预测能源消费需求量的常用方法之一。

能源消费弹性系数的公式为 $e = \delta_E / \delta_{GDP}$。

其中，e、δ_E 和 δ_{GDP} 分别表示能源消费弹性系数、能源消费量年均增长率和国民经济年均增长率。

能源消费弹性系数值会受到生产力发展水平、产业结构、技术装备水平、能源结构和能源利用效率等多种因素的影响。

能源消费弹性系数预测模型可以表示为：

$$E_t = E_0 (1 + \delta_{GDP} \cdot e)^n \tag{2-1}$$

其中，E_t 为预测期能源需求量，E_0 为基期能源需求量，δ_{GDP} 为预测期地区生产总值年均增长率，e 为预测期能源消费弹性系数，n 为预测期到基期的周期数。

（三）回归分析法

回归分析法是依据对能源消费与地区生产总值等相关经济指标统计数据的观察，根据最小二乘法原理，找出拟合这些数据点的最佳拟合曲线，从而确定能源需求函数的一种因果分析方法。

（四）定比法

定比法又称为固定增长速度法或年平均增长法。基于此方法，本书利用对历史数据的分析，总结出其能源消费量的发展变化的增长率，同时结合青岛市的远景规划发展，确定出在规划期内的年平均增长率，再乘以上年度能源消费量，这样便可预测得出下年能源需求量。

（五）单位产值能耗预测法

单位产值能耗预测法是根据第一、第二、第三产业单位产值不同的产业单位的产值能源消耗资料及各产业经济总量指标的历史数据和未来发展变化趋势，预测未来时期的能源需求量的方法。其基本公式为：

$$E_i = P_i \cdot e_i \tag{2-2}$$

其中，E_i 为第 i 产业的能源需求量，P_i 为第 i 产业总产值，e_i 为第 i 产业的单位产值能源消费量。

三　青岛市"十二五"地区生产总值增长背景下能耗情景分析

（一）趋势外推法

1. 指数平滑法

鉴于青岛市历年能源消费量的数据呈明显上升趋势且波动不大，故指数平滑法模型中平滑系数取 $\alpha = 0.7$。取 $S_0^{(1)} = S_0^{(2)} = X_1 = 1055.33$，一次、二次指数平滑值计算结果见表 2-1。

预测模型为：$Y_{2009+T} = 3373.60 + 261.42T$

其中，Y 为能源需求量，$S_t^{(1)}$ 为第 t 年度一次指数平滑值，$S_t^{(2)}$ 为第 t 年度二次指数平滑值。

根据模型计算 2010—2015 年能源需求预测值见表 2-22。

表 2-22　　　　青岛市历年能源消费量平滑预测　　单位：万吨标准煤

年份	消费量（预测值）	一次指数平滑值 $S_t^{(1)}$	二次指数平滑值 $S_t^{(2)}$
2000	1229.70	1229.70	1229.70
2001	1325.81	1258.54	1238.35
2002	1411.58	1304.45	1258.18
2003	1765.47	1442.76	1313.55
2004	2151.78	1655.46	1416.13
2005	2615.70	1943.53	1574.35
2006	2956.88	2247.54	1776.30
2007	3260.53	2551.44	2008.84
2008	3433.78	2816.14	2251.03
2009	3652.76	3067.13	2495.86
2010	3883.22	—	—
2011	4128.05	—	—
2012	4372.87	—	—

续表

年份	消费量（预测值）	一次指数平滑值 $S_t^{(1)}$	二次指数平滑值 $S_t^{(2)}$
2013	4617.70	—	—
2014	4862.53	—	—
2015	5107.36	—	—

注：2010—2015 年数据为预测值。

2. 直线趋势模型

2000—2009 年青岛市能源消费量的数据呈明显直线上升趋势（见图 2-7），故采用直线趋势模型进行拟合，预测模型分别为：

$$Y_T = 302.1t + 718.86$$

其中，Y_t 为能源需求量，t 为时间序列数值。

根据模型所得预测结果见表 2-23。

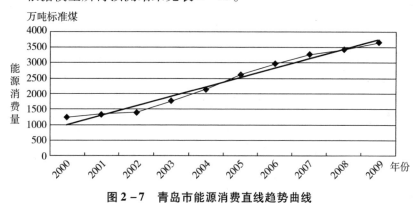

图 2-7　青岛市能源消费直线趋势曲线

表 2-23　2010—2015 年青岛市能源需求预测值（直线趋势法）

单位：万吨标准煤

年份	能源需求预测值
2010	4041.96
2011	4344.06
2012	4646.16
2013	4948.26
2014	5250.36
2015	5552.46

（二）弹性系数法

2005—2009 年青岛市能源消费弹性系数变化较大，故采用能源消费平均弹性系数值进行预测（见表 2 - 24）。根据青岛市地区生产总值增长的高、中、低三种情景计算得出能源需求增长的平均速度，按照式（2-1）进行预测，计算结果见表 2 - 25。

表 2 - 24　　　　　2005—2009 年青岛市能源消费弹性系数

	2005 年	2006 年	2007 年	2008 年	2009 年	能源消费平均弹性系数
能源消费弹性系数	1.42	0.70	0.64	0.40	0.52	0.59

资料来源：根据青岛市统计局资料计算。

表 2 - 25　　2010—2015 年青岛市能源需求预测值（能源消费弹性法）

单位：万吨标准煤

地区生产总值增长速度（%）	Ⅰ（高）	Ⅱ（中）	Ⅲ（低）
	13.00	12.00	11.00
能源需求量增长速度（%）	7.67	7.08	6.49
2010 年	3932.93	3911.38	3889.82
2011 年	4234.58	4188.30	4142.27
2012 年	4559.37	4484.83	4411.11
2013 年	4909.08	4802.36	4697.39
2014 年	5285.60	5142.37	5002.25
2015 年	5691.01	5506.45	5326.89

（三）回归分析法

众多研究表明，能源消费与经济发展有着十分密切的关系。在能源预测中可按照地区生产总值与能源消费量之间的相关关系建立回归模型。将青岛市 2005—2009 年地区生产总值与能源消费量的数据输入统计软件 SPSS 中，发现能源消费量与地区生产总值呈高度线性相关关系，见表 2 - 26。

表 2 - 26　　青岛市能源消费量与地区生产总值回归分析数据

	系数	标准误差	t统计量	P值	下限95%	上限95%
截距	1332.80	140.63	9.48	0.00	885.25	1780.35
自变量	0.51	0.04	13.46	0.00	0.39	0.63

回归预测模型为：

$$E_t = 1332.8 + 0.51 GDP_t$$

其中，GDP_t 为第 t 年的地区生产总值，E_t 为第 t 年的能源需求量。

在不同地区生产总值增长的高、中、低三种情景下，能源需求预测结果见表 2 - 27。

表 2 - 27　　2010—2015 年青岛市能源需求预测值（回归分析法）

单位：亿元、万吨标准煤

年份	I （高）		II （中）		III （低）	
	地区生产总值	能源需求量	地区生产总值	能源需求量	地区生产总值	能源需求量
2009	4595.38		4595.38		4595.38	
2010	5192.78	3998.25	5192.78	3998.25	5192.78	3998.25
2011	5867.84	4344.76	5815.91	4318.11	5763.99	4291.45
2012	6630.66	4736.32	6513.82	4676.35	6398.02	4616.91
2013	7492.65	5178.78	7295.48	5077.57	7101.81	4978.16
2014	8466.69	5678.75	8170.94	5526.94	7883.01	5379.15
2015	9567.36	6243.73	9151.45	6030.24	8750.14	5824.25

（四）单位地区生产总值能耗预测法

假设单位地区生产总值能耗分别为 2005 年和 2009 年水平，即单位地区生产总值能耗水平分别为 0.99 吨标准煤/万元和 0.80 吨标准煤/万元。按照式（2 - 2）进行计算得预测结果见表 2 - 28。

表 2 – 28　　　　　　　　2010—2015 年青岛市能源需求预测值

（单位地区生产总值能耗预测法）　　单位：万吨标准煤

年份	单位地区生产总值能耗水平 为0.99 吨标准煤/万元			单位地区生产总值能耗水平 为0.80 吨标准煤/万元		
	Ⅰ（高）	Ⅱ（中）	Ⅲ（低）	Ⅰ（高）	Ⅱ（中）	Ⅲ（低）
2010	5144.49	5144.49	5144.49	4171.88	4171.88	4171.88
2011	5813.27	5761.83	5710.38	4714.22	4672.51	4630.79
2012	6569.00	6453.25	6338.52	5327.07	5233.21	5140.17
2013	7422.97	7227.63	7035.76	6019.59	5861.19	5705.59
2014	8387.95	8094.95	7809.69	6802.14	6564.53	6333.21
2015	9478.39	9066.35	8668.76	7686.42	7352.28	7029.86

四　青岛市"十二五"能源分品种消费情景分析

（一）电力消费需求预测

1. 趋势外推法

2000—2009 年青岛市电力消费量呈明显上升趋势，采用二次抛物线模型和指数模型进行拟合，发现有两种拟合曲线的相关系数值非常接近，预测模型分别为（见图 2 – 8）：

$$Y_T = 0.6308T^3 - 1.3774T + 47.133 \quad (R^2 = 0.9931, \ R = 0.9965)$$

$$Y_T = 35.889 \cdot EXP(0.1013T) \quad (R^2 = 0.9923, \ R = 0.9961)$$

其中，Y_T 为第 T 年能源需求量，T 为时间序列数值。

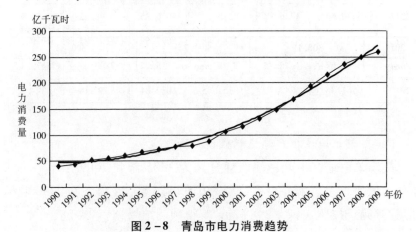

图 2 – 8　青岛市电力消费趋势

按照两个模型计算的预测结果见表 3 - 29。

表 2 - 29　2010—2015 年青岛市电力需求预测值（趋势外推法）

单位：亿千瓦时

年份	二次抛物线模型预测结果	指数模型预测结果
2010	296.39	301.19
2011	322.14	333.30
2012	349.15	368.83
2013	377.42	408.15
2014	406.95	451.66
2015	437.74	499.81

2. 弹性系数法

根据情景设定中的分析，未来电力消费增长的三种情景分别为 9.0%、8.3% 和 7.6%。按照式（2 - 1）进行预测，计算结果见表 2 - 30。

表 2 - 30　2010—2015 年青岛市电力需求预测值（弹性系数法）

年份	电力需求增长率下的预测值（亿千瓦时）		
	I（高）	II（中）	III（低）
	9.00%	8.30%	7.60%
2010	282.75	280.93	279.11
2011	308.19	304.25	300.33
2012	335.93	329.50	323.15
2013	366.16	356.85	347.71
2014	399.12	386.47	374.14
2015	435.04	418.54	402.57

3. 回归分析法

将青岛市 2005—2009 年地区生产总值与电力消费量的数据输入到统计软件 SPSS 中，发现地区生产总值与电力消费量呈高度线性相关关系，见表 2 - 31。

$$E_t = 105.6 + 0.03GDP_t$$

其中，GDP_t 为第 t 年的地区生产总值，E_t 为第 t 年的电力需求量。

表 2 - 31　　青岛市电力消费量与地区生产总值回归分析数据

	系数	标准误差	t 统计量	P 值	下限 95%	上限 95%
截距	105.60	13.76	7.67	0.00	61.80	149.40
变量 X	0.03	0.00	9.27	0.00	0.02	0.05

在不同地区生产总值增长的高、中、低三种情景下，电力需求预测结果见表 2 - 32。

表 2 - 32　　2010—2015 年青岛市电力需求预测值（回归分析法）

单位：亿元、亿千瓦时

年份	I （高）		II （中）		III （低）	
	地区生产总值	电力需求量	地区生产总值	电力需求量	地区生产总值	电力需求量
2010	5192.78	285.27	5192.78	285.27	5192.78	285.27
2011	5867.84	308.63	5815.91	306.83	5763.99	305.03
2012	6630.66	335.02	6513.82	330.98	6398.02	326.97
2013	7492.65	364.85	7295.48	358.02	7101.81	351.32
2014	8466.69	398.55	8170.94	388.31	7883.01	378.35
2015	9567.36	436.63	9151.45	422.24	8750.14	408.35

4. 单位地区生产总值电耗预测法

假设单位地区生产总值电耗分别为 2005 年和 2009 年的水平，即单位地区生产总值电耗水平分别为 718.93 千瓦时/万元和 564.48 千瓦时/万元。按照式（2 - 2）进行计算得到如表 2 - 33 所示的预测结果。

表 2 - 33　　　　　　2010—2015 年青岛市电力需求预测值

（单位地区生产总值电耗预测法）　　　单位：亿千瓦时

年份	单位地区生产总值电耗水平 为 718.93 千瓦时/万元			单位地区生产总值电耗水平 为 564.48 千瓦时/万元		
	I（高）	II（中）	III（低）	I（高）	II（中）	III（低）
2010	373.32	373.32	373.32	293.12	293.12	293.12
2011	421.86	418.12	414.39	331.23	328.30	325.37
2012	476.70	468.30	459.97	374.29	367.69	361.16
2013	538.67	524.49	510.57	422.94	411.82	400.88
2014	608.70	587.43	566.73	477.93	461.23	444.98
2015	687.83	657.93	629.07	540.06	516.58	493.93

（二）煤炭消费需求预测

鉴于终端煤炭消费数据过少，无法建立相应的趋势模型或回归模型，故采用定比法进行预测。按照表 2 - 17 中设定的煤炭需求增长的三种情景，计算所得预测结果见表 2 - 34。

表 2 - 34　2010—2015 年青岛市终端煤炭需求预测值（定比法）

单位：万吨标准煤

年份	煤炭需求增长速度		
	5.59%	5.16%	4.73%
2010	924.37	920.60	916.84
2011	976.04	968.11	960.20
2012	1030.60	1018.06	1005.62
2013	1088.21	1070.59	1053.19
2014	1149.04	1125.83	1103.00
2015	1213.27	1183.93	1155.18

（三）石油及其制品消费需求预测

鉴于终端石油及其制品消费数据过少，无法建立相应的趋势模型或回归模型，故采用定比法进行预测。按照表 2 - 17 中设定的石油及其制品需求增长的三种情景，计算所得预测结果见表 2 - 35。

表 2 – 35　2010—2015 年青岛市终端石油及其制品需求预测值（定比法）

单位：万吨标准煤

年份	石油及其制品需求增长速度		
	6.24%	5.76%	5.28%
2010	1537.71	1530.76	1523.81
2011	1633.66	1618.93	1604.27
2012	1735.60	1712.18	1688.97
2013	1843.90	1810.80	1778.15
2014	1958.96	1915.11	1872.04
2015	2081.20	2025.42	1970.88

（四）气体燃料消费需求预测

鉴于终端气体燃料消费数据过少，无法建立相应的趋势模型或回归模型，故采用定比法进行预测。按照表 2 – 17 中设定的气体燃料需求增长的三种情景，计算所得预测结果见表 2 – 36。

表 2 – 36　2010—2015 年青岛市终端气体燃料需求预测值（定比法）

单位：万吨标准煤

年份	气体燃料需求增长速度		
	8.58%	7.92%	7.26%
2010	209.07	207.80	206.53
2011	227.01	224.26	221.52
2012	246.49	242.02	237.61
2013	267.63	261.19	254.86
2014	290.60	281.87	273.36
2015	315.53	304.20	293.20

（五）热力消费需求预测

鉴于终端热力消费数据过少，无法建立相应的趋势模型或回归模型，故采用定比法进行预测。按照表 2 – 17 中设定的热力需求增长的三种情景，计算所得预测结果见表 2 – 37。

表 2 - 37　　2010—2015 年青岛市终端热力需求预测值（定比法）

单位：万吨标准煤

年份	热力需求增长速度		
	6.09%	5.62%	5.15%
2010	373.61	371.96	370.31
2011	396.37	392.87	389.39
2012	420.51	414.96	409.46
2013	446.12	438.29	430.57
2014	473.29	462.93	452.76
2015	502.12	488.96	476.09

（六）新能源与可再生能源消费需求预测

新能源与可再生能源的需求量预测采用项目累加法。按照青岛市发改委对新能源与可再生能源利用的规划，参照全国同类地区相应设备有效运行小时数，预测新能源与可再生能源需求量见表 2 - 38。

表 2 - 38　　"十二五"期间青岛市新能源与可再生能源需求预测值

	2012 年发电装机容量	发电量（万千瓦时）	2015 年发电装机容量	发电量（万千瓦时）
风电	25 万千瓦	50000	35 万千瓦	70000
太阳能光伏发电站			1 万千瓦	2200
生物质发电	3 万千瓦	15000	6 万千瓦	30000
垃圾填埋场沼气利用	1 万千瓦	5000	2 万千瓦	10000
合计		70000		112200

注：①风力发电按风机可有效运行 2000 小时计算。太阳能利用按照青岛市日照时数为 2200 小时计算。生物质发电和垃圾发电按照 5000 小时计算。

②按照青岛市发改委规划，2012 年青岛市新能源发电装机容量达到 40 万千瓦，2015 年新能源发电装机容量达到 60 万千瓦，2020 年新能源发电装机容量达到 93 万千瓦。

五　青岛市"十二五"产业结构变化能源需求情景分析

青岛市"十二五"产业结构变化能源需求情景分析是以青岛市经济增长的高、中、低三种情景的预测值为基础，根据青岛市三次产业结构预测值确定未来"十二五"期间每年的各产业增加值，然后再由不同产业的单位增加值能耗计算出未来各产业不同年份的能源需求水平。

根据 2010—2015 年青岛市三次产业结构预测（见表 2-21），计算得到未来青岛市不同经济增长情景各产业的增加值，见表 2-39。

表 2-39　2010—2015 年不同增长情景下青岛市各产业增加值预测

单位：亿元

年份	地区生产总值增长情景 I			地区生产总值增长情景 II			地区生产总值增长情景 III		
	第一产业	第二产业	第三产业	第一产业	第二产业	第三产业	第一产业	第二产业	第三产业
2010	236.27	2535.63	2420.87	236.27	2535.63	2420.87	236.27	2535.63	2420.87
2011	245.86	2844.73	2777.84	243.69	2819.56	2753.25	241.51	2794.38	2728.67
2012	255.28	3188.69	3186.70	250.78	3132.50	3130.54	246.32	3076.81	3074.89
2013	265.24	3572.49	3654.91	258.26	3478.49	3558.74	251.40	3386.14	3464.26
2014	275.17	4000.51	4191.01	265.56	3860.77	4044.62	256.20	3724.72	3902.09
2015	286.06	4476.57	4804.73	273.63	4281.97	4595.86	261.63	4094.19	4394.32

假设以 2005 年各产业的单位增加值能耗为基准，未来"十二五"期间各产业能源需求量的计算结果见表 2-40。

表 2-40　2010—2015 年不同增长情景下青岛市各产业能源需求量预测

单位：万吨标准煤

年份	地区生产总值增长情景 I			地区生产总值增长情景 II			地区生产总值增长情景 III		
	第一产业	第二产业	第三产业	第一产业	第二产业	第三产业	第一产业	第二产业	第三产业
2010	86.08	2892.57	1415.72	86.08	2892.57	1415.72	86.08	2892.57	1415.72
2011	89.58	3245.18	1624.47	88.78	3216.46	1610.10	87.99	3187.74	1595.72
2012	93.01	3637.55	1863.57	91.37	3573.45	1830.73	89.74	3509.93	1798.19
2013	96.64	4075.39	2137.38	94.09	3968.14	2081.14	91.59	3862.80	2025.89
2014	100.25	4563.65	2450.89	96.75	4404.24	2365.28	93.34	4249.04	2281.93
2015	104.22	5106.72	2809.79	99.69	4884.73	2687.65	95.32	4670.52	2569.79

假设以 2009 年各产业的单位增加值能耗为基准，未来"十二五"期间各产业能源需求量的计算结果见表 2-41。

表 2-41　2010—2015 年不同增长情景下青岛市各产业能源需求量预测

单位：万吨标准煤

年份	地区生产总值增长情景 I			地区生产总值增长情景 II			地区生产总值增长情景 III		
	第一产业	第二产业	第三产业	第一产业	第二产业	第三产业	第一产业	第二产业	第三产业
2010	74.15	2281.92	1299.58	74.15	2281.92	1299.58	74.15	2281.92	1299.58
2011	77.16	2560.09	1491.20	76.47	2537.43	1478.01	75.79	2514.78	1464.81
2012	80.11	2869.63	1710.69	78.70	2819.06	1680.55	77.30	2768.95	1650.67
2013	83.24	3215.03	1962.04	81.05	3130.43	1910.41	78.90	3047.33	1859.69
2014	86.35	3600.22	2249.83	83.34	3474.46	2171.24	80.40	3352.03	2094.73
2015	89.77	4028.64	2579.29	85.87	3853.51	2467.16	82.10	3684.53	2358.97

第四节　青岛市能源利用效率影响因素分析

"十二五"期间青岛市节能工作面临着很大的压力。影响能源利用效率的因素是多方面的，把握其中主要因素，对开展节能挖潜工作有着十分重要的意义。

一　能源消费结构

"十一五"期间，青岛市一次能源消费量中，煤炭和石油消费占有绝对比重，特别是煤炭几乎占据"半壁江山"，尽管近几年煤炭消费的比重在下降，但其消费量的绝对值却在不断增加（见表 2-42、图 2-9），而煤炭的利用效率比石油和天然气低 20%—30%。因此，煤炭消费比重的下降，天然气、输入电力比重的增加均会影响青岛市能源利用效率。

表 2 - 42　　　　　2005—2008 年青岛市输入能源消费结构　　　　单位：%

年份	煤炭	石油	天然气	输入电力
2005	45.67	38.47	5.14	5.72
2006	50.42	34.92	5.25	5.01
2007	48.14	38.67	4.61	4.28
2008	48.08	40.29	5.23	4.44

资料来源：青岛市统计局。

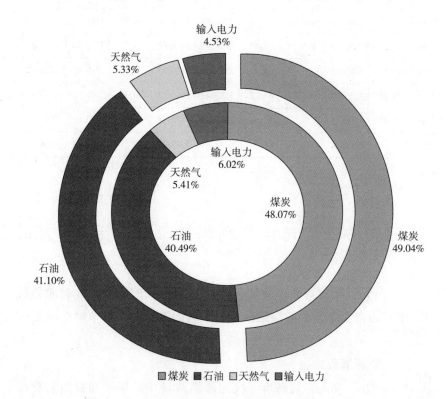

图 2 - 9　青岛市输入能源结构对比

二　三次产业结构

近几年来，青岛市围绕"环湾保护，拥湾发展"的战略构想，打造以青岛为龙头的半岛高端产业聚集区，建设山东半岛蓝色经济区。通过大力发展高技术产业和现代服务业，青岛市不仅保持了经济持续快速的

发展，产业结构也得到了一定优化，三次产业的比例关系由 2005 年的
6.6∶51.8∶41.6调整为 2009 年的 4.7∶49.9∶45.4。但是相对于国内先进城
市而言，青岛市尚有一定的差距。比如，2009 年厦门市三次产业结构为
1.3∶48.4∶50.3，广州市三次产业结构为 1.9∶37.2∶60.9，杭州市三次产
业结构为 3.7∶47.8∶48.5，成都市三次产业结构为 5.9∶44.5∶49.6，深圳
市三次产业结构为 0.1∶46.7∶53.2。"十一五"期间，青岛市产业结
构节能量相对较小，这说明产业结构调整的节能作用未能有效发挥。

三　工业内部结构

（一）轻重工业比重

工业内部各行业在整个工业中所占比重，特别是轻重工业比重不
同对单位工业增加值能耗水平影响很大。从"十一五"以来的情况
看，青岛市轻工业比重呈现下降趋势，而重工业比重呈现上升趋势
（见表 2－43），且霍夫曼系数已降到 1 以下，这说明青岛市开始呈现出工
业化后期的特征。重工业的单位产值能耗远大于轻工业，因此重工业比
重的增加加大了对能源消耗的依赖，给未来节能带来很大的压力。

（二）工业分行业能耗水平

工业内部各行业单位产值能耗和单位增加值能耗，反映各工业
行业能源利用效率的高低。进入"十一五"后，青岛市各工业部门
的能源利用效率有了一定的提升，但并不是所有行业的能源消耗水
平均呈现下降趋势，个别行业万元增加值能耗甚至出现大幅度上升
（见表 2－44）。

表 2－43　　　　2005—2009 年青岛市轻重工业增加值及其比重

年份	轻工业增加值（亿元）	重工业增加值（亿元）	轻重工业比重
2005	525.00	538.30	49.4∶50.6
2006	700.15	772.63	47.5∶52.5
2007	801.39	895.42	47.2∶52.8
2008	880.68	1138.28	43.6∶56.4
2009	999.54	1338.60	42.75∶57.25

资料来源：根据《青岛市国民经济和社会发展统计公报》（2005—2009）整理。

表 2 - 44   青岛市分行业的单位工业增加值综合能耗比较

行业	2005 年 （吨标准煤/万元）	2009 年 （吨标准煤/万元）	2009 年比 2005 年下降（%）
农副食品加工业	0.333	0.23	30.93
食品制造业	0.567	0.53	6.53
饮料制造业	1.184	0.52	56.08
烟草制品业	0.059	0.02	66.10
纺织业	0.719	0.60	16.55
纺织服装、鞋、帽制造业	0.325	0.31	4.62
皮革、毛皮、羽毛（绒）等	0.266	0.29	-9.02
木材加工及木、竹、藤等	0.110	0.25	-127.27
家具制造业	0.239	0.36	-50.63
造纸及纸制品业	0.790	0.60	24.05
印刷业和记录媒介的复制	0.283	0.25	11.66
文教体育用品制造业	0.201	0.38	-89.05
石油加工炼焦及核燃料	18.846	6.65	64.71
化学原料及化学制品制造	3.523	2.30	34.71
医药制造业	0.225	0.20	11.11
化学纤维制造业	0.748	0.99	-32.35
橡胶制品业	0.769	0.57	25.88
塑料制品业	0.517	0.34	34.24
非金属矿物制品业	4.948	0.97	80.40
黑色金属冶炼及压延	6.678	2.98	55.38
有色金属冶炼及压延	0.246	0.33	-34.15
金属制品业	0.311	0.32	-2.89
通用设备制造业	0.233	0.36	-54.51

资料来源：根据《青岛市能源利用状况报告 2005》和青岛统计局资料整理。

四 重点用能企业的单位产品综合能耗

重点用能企业是一个地区能源消费的大户，也是取得节能降耗成效的关键。其主要产品能耗情况对企业的总能耗有着直接的影响，因此重点用能企业的产品单耗对一个地区的节能潜力也有着很大影响。

截至 2009 年青岛市年能耗量超过 5000 吨标准煤的重点用能企业有 269 家。进入"十一五"以来，这些重点用能企业的产品单耗绝大多数呈现下降趋势。这为全市节能目标实现奠定了坚实的基础，但是目前仍有不少产品单位能耗与山东省平均水平或 2010 年的定额目标尚有一定距离。

五　技术进步

技术进步对能源利用效率的影响表现在两个方面：一是借助于先进高效能源利用技术可以减少能源浪费；二是采用节能降耗技术，可以直接降低单位产品的能耗。"十一五"期间，许多重点用能单位单位工业品能耗的降低便是技术进步的结果。"十二五"期间，实现符合产业条件的能源利用技术、节能技术的研发和有效供给，是提高青岛市能源利用效率的关键。

六　居民的生活方式和节能意识

对能源与环境问题的认知会影响居民的能源消费行为。"十一五"期间，青岛市节能宣传周活动的开展对普及节能知识，推广节能产品，培养居民节能意识起到了较好的促进作用。截至 2009 年 12 月 30 日，青岛市累计推广节能灯 192 万只。但是在节能环保问题上，公众仍存在认识不足，对市场上节能产品的态度不积极等诸多问题。因此，"十二五"期间转变居民的能源消费观念和行为方式仍旧是提高能源利用效率的重要因素。

第三章 青岛市 CO_2 排放的现状分析及预测

第一节 青岛市 CO_2 排放量测算

一 青岛市 CO_2 排放量测算方法

城市层面的温室气体核算方法和排放清单是编制城市低碳发展规划的前提条件。它可以帮助决策者了解城市温室气体排放情况和重点排放源，并为城市温室气体减排情景研究、制定低碳发展目标和识别减排重点提供基准。

目前国际上以 ICLEI 为代表的许多国际组织对于城市温室气体清单的编制方法进行了大量的研究和探索，并取得了一定的研究和实践成果，如 2006 年 IPCC 国家温室气体清单指南、温室气体核算标准（WRI/WBCSD）、国际地方政府温室气体分析核算体系（IEAP）（ICLEI – 国际地方政府环境行动理事会）等。但我国城市管理范围和职能与国外有明显的不同，有关能源的统计体系不完善，造成数据可得性的限制，而使已有的方法很难直接应用于青岛市温室气体清单的编制。

此外，我国目前提出的"十二五"碳减排目标只针对 CO_2 排放，并不包括其他温室气体。故本书中提出的城市温室气体清单核算方法也以 CO_2 为重点，只考虑青岛市地域范围内的直接 CO_2 排放以及与外购电力、蒸汽、热相关的间接 CO_2 排放。

考虑到数据的可得性、成本和时间限制等问题，本书采用简化的温室气体核算方法来估算青岛市与能源和工艺过程相关的 CO_2 排放量，即：

CO_2 排放量 = 能源消费量 × CO_2 排放系数

其中，CO_2 排放系数按照消费总量计算时，采用国家发改委能源研究所的推荐值，为 2.4567（tCO_2/tce）。

分能源品种计算式采用《2006 年 IPCC 国家温室气体清单指南》中提供的方法确定，不同能源类型的 CO_2 排放因子见表 3-1。

表 3-1　　　　　　　　不同能源类型的 CO_2 排放因子

	碳排放系数（kgC/GJ）[a]	碳氧化因子[a]	CO_2 排放系数（$kgCO_2$/TJ）[a]	低位发热值[b]		排放系数		排放系数之不确定性	
				热值	单位	值	单位	95%置信区间下限	95%置信区间上限
原煤	25.8	0.98	94600	5000	kcal/kg	1.94	$kgCO_2$/kg	-7.70	6.80
洗精煤	25.8	0.98	94600	6300	kcal/kg	2.45	$kgCO_2$/kg	-7.70	6.80
其他洗精煤	25.8	0.98	98300	2000	kcal/kg	0.81	$kgCO_2$/kg	-3.80	2.70
焦炭	29.2	0.99	107000	6800	kcal/kg	3.02	$kgCO_2$/kg	-10.60	11.20
原油	20.0	0.99	73300	10000	kcal/kg	3.04	$kgCO_2$/kg	-3.00	3.00
煤油	19.6	0.99	71900	10300	kcal/kg	3.07	$kgCO_2$/kg	-1.50	2.50
柴油	20.2	0.99	74100	10200	kcal/kg	3.13	$kgCO_2$/kg	-2.00	0.90
汽油	18.9	0.99	69300	10300	kcal/kg	2.96	$kgCO_2$/kg	-2.50	1.80
燃料油	21.1	0.99	77400	10000	kcal/kg	3.21	$kgCO_2$/kg	-2.50	1.80
其他石油产品	20.0	0.99	73300	10000	kcal/kg	3.04	$kgCO_2$/kg	-1.50	1.50
天然气	15.3	1	56100	9310	kcal/M^3	2.19	$kgCO_2$/M^3	-3.20	3.90
焦炉煤气	12.1	1	44400	4000	kcal/M^3	0.74	$kgCO_2$/M^3	-16.00	21.80
液化石油气	17.2	1	63100	12000	kcal/kg	3.17	$kgCO_2$/kg	-2.40	4.00

注：a 表示 IPCC 建议值来自 2006 年《IPCC 国家温室气体清单指南》；b 表示低热值基于《中国能源统计年鉴 2010》，可以根据当地条件进行调整。

二　青岛市 CO_2 排放总量

近年来，随着经济的快速增长，青岛市与能源相关的 CO_2 排放增长较快。2005 年 CO_2 排放为 6425.99 万吨，到 2010 年增长到 9810.09 万吨，增长了 52.7%（见表 3-2）。

表 3-2   2005—2010 年青岛市 CO_2 排放量

年份	能源消费量（万吨标煤）	CO_2 排放量（万吨）	外部输入电量（亿千瓦时）	外部输入电量导致 CO_2 排放量（万吨）	不考虑外部输入电力的 CO_2 排放量（万吨）	外部输入电量导致 CO_2 排放量占总排放量的比重（%）
2005	2615.70	6425.99	86.76	621.62	5804.37	9.67
2006	2956.88	7264.17	85.47	589.49	6674.67	8.12
2007	3260.53	8010.14	81.12	545.00	7465.15	6.80
2008	3433.78	8435.77	111.64	729.78	7705.98	8.65
2009	3652.76	8973.74	95.18	587.16	8386.58	6.54
2010	3993.20	9810.09	111.04	685.24	9124.85	6.99

资料来源：根据《青岛统计年鉴 2011》和《青岛市能源利用状况报告》数据计算。

外部输入电力在青岛市总的电力消费中所占的比重较大。2005 年青岛市外部输入电力为 86.76 亿千瓦时，在全市总用电量中的比例达到 44.8%。尽管自 2005 年以后随着青岛本地电厂的建设，对外部输入电力的依赖程度有所下降，但 2010 年外部输入电量仍有 111.04 亿千瓦时，占当年全部用电量的 37.9%。如果不考虑外部输入电力，青岛市能源相关 CO_2 排放总量，2005 年仍达到 5804.37 万吨，而 2010 年则达到 9124.85 万吨。

三　人均 CO_2 排放量

自 2005 年以来，青岛市人均 CO_2 排放量也有了明显增长。2005 年青岛市人均 CO_2 排放量为 8.67 吨/人（不考虑外购电力情况下的人均 CO_2 排放量为 8.32 吨/人），到 2010 年已经增长为 12.85 吨/人（不考虑外购电力情况下的人均 CO_2 排放量为 12.41 吨/人）。如表 3-3 所示，青岛市 2009 年的人均 CO_2 排放量高于国内的北京市、上海市，与天津市接近。与国外相比，虽然青岛人均 CO_2 排放量小于欧美一些城市，但已经高于东京等一些亚洲城市。青岛市人均 CO_2 排放量高的主要原因是其较高的工业比重造成的。与发达国家城市主要依赖于服务业不同，工业仍然是青岛经济的重要部门。虽然人均排放量会随着经济增长而增长，但是不同的发展路径将会导致不同的排放水平。

表 3 -3 不同城市人均 CO_2 排放量比较

年份	2006	2009	2009	2009	2009	2009	2000	2005	2005	2009
城市	东京	北京	上海	青岛	天津	青岛	洛杉矶	西雅图	达拉斯	奥斯汀
人均 CO_2 排放量（吨/人）	4.9	5.9	9.8	11.39（不考虑外购电力）	11.1	11.76（考虑外购电力）	13.0	13.7	14.4	15.4

资料来源：青岛市数据为笔者计算，其余来自世界资源研究所。

四 不同产业 CO_2 排放量

参照青岛市各部门能源消费数据，计算得到三次产业和生活消费的 CO_2 排放总量情况如图 3 -1 所示。可以看出 2005—2009 年除第一产业外，第二、第三产业和居民生活 CO_2 排放总量均呈现出一定的增长态势，其中明显可以看出第二产业的 CO_2 排放量是巨大的，远高于其他国民经济部门，也说明下一步的减排和产业结构调整存在较大空间。

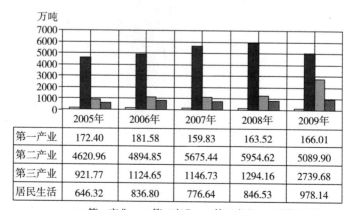

	2005年	2006年	2007年	2008年	2009年
第一产业	172.40	181.58	159.83	163.52	166.01
第二产业	4620.96	4894.85	5675.44	5954.62	5089.90
第三产业	921.77	1124.65	1146.73	1294.16	2739.68
居民生活	646.32	836.80	776.64	846.53	978.14

□第一产业 ■第二产业 ▦第三产业 ■居民生活

图 3 -1 三次产业和生活消费的 CO_2 排放情况

随着能源消费量的增加，青岛市各产业的 CO_2 排放总量的增长率呈现一定的上升趋势，2005 年到 2009 年第一产业的 CO_2 排放量减少 3.70%，第二产业增加 10.15%，第三产业增加 197.22%，生活消费增加 51.34%。从单位增加值 CO_2 排放量来看，第一产业和第二产业呈下降趋势，第三产业在 2009 年出现增加（见表 3-4）。

表 3-4　2005—2009 年青岛市不同产业单位增加值 CO_2 排放量

单位：吨/万元

年份	第一产业	第二产业	第三产业
2005	0.97	3.32	0.83
2006	0.99	2.94	0.84
2007	0.79	2.93	0.71
2008	0.73	2.66	0.67
2009	0.72	2.10	1.24

注：按当年价格计算。

由图 3-2 可以得出，第一产业占 1.85%，第二产业高达 56.72%，第三产业比例为 30.53%，生活消费占 10.90%。

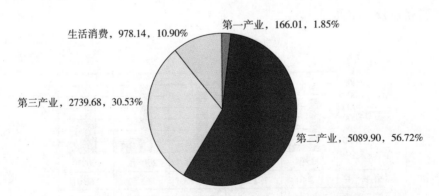

图 3-2　2009 年三次产业和生活消费 CO_2 排放量情况

从青岛市的各部门终端能源消费看，2008 年工业终端能耗达到 1730.41 万吨标准煤，占全部终端能源消费的 60.7%，较 2007 年降低 0.7 个百分点，较 2005 年降低 5.7 个百分点，说明工业能耗所占的比重越来越小。多年来第二产业中的工业耗能最高，其他部门的能耗都相对较低，其中城镇居民生活消耗能源位居次席，消耗 273.78 万吨标准煤，占 9.6%。其后依次是交通运输、仓储和邮政业，批发、零售业和住宿、餐饮业，建筑业，分别只占 7.0%、6.7% 和 6.4% 的比重。其他产业和部门终端能耗所占比重更小，具体数据见表 3-5。可见，青岛市节能降耗的关键在工业部门。

　　根据各产业的 CO_2 排放量的分析结果，以下重点针对排放量较高的第二产业、第三产业的各个重点耗能行业部门以及城镇生活消费、乡村生活消费进行分析，能耗量如表 3-5 所示。计算得到各部门的 CO_2 排放量情况如图 3-3 所示，可见工业占据了较大的比重，排放量远远超过其他部门。

表 3-5　　　　　　　　终端能源部门消费标准量统计　　　单位：万吨标准煤

年份	2005	2006	2007	2008
工业	1555.02	1573.37	1628.05	1730.41
建筑业	150.35	164.92	175.55	180.96
交通运输、仓储和邮政业	126.26	148.94	175.16	199.44
批发、零售业和住宿、餐饮业	131.36	192.42	177.86	189.94
城镇生活消费	190.83	236.86	252.50	273.78
乡村生活消费	47.52	60.31	63.62	70.83

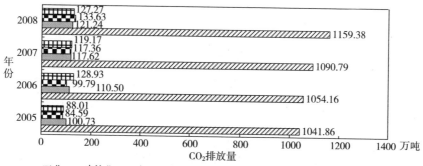

图 3-3　各主要部门 CO_2 排放情况

第二节 青岛市 CO_2 排放量预测

2005—2009 年青岛市能源消费弹性系数变化较大，故采用能源消费平均弹性系数值进行预测（见表 3-6）。根据青岛市地区生产总值增长的高、中、低三种情景计算得出能源需求增长的平均速度，按照式（3-1）进行预测，计算结果见表 3-7。

$$E_t = E_0(1 + \delta_{GDP} \cdot e)^n \qquad\qquad (3-1)$$

其中，E_t 为预测期能源需求量，E_0 为基期能源需求量，δ_{GDP} 为预测期地区生产总值年均增长率，e 为预测期能源消费弹性系数，n 为预测期到基期的周期数。

表 3-6 　　　　2005—2009 年青岛市能源消费弹性系数

	2005 年	2006 年	2007 年	2008 年	2009 年	平均
能源消费弹性系数	1.42	0.70	0.64	0.40	0.52	0.59

资料来源：根据青岛市统计局资料计算。

表 3-7 2011—2015 年青岛市能源需求预测值（能源消费弹性法）

单位：万吨标准煤

地区生产总值增长速度	Ⅰ（高）	Ⅱ（中）	Ⅲ（低）
	13%	12%	11%
能源需求量增长速度	7.67%	7.08%	6.49%
2011 年	4234.58	4188.30	4142.27
2012 年	4559.37	4484.83	4411.11
2013 年	4909.08	4802.36	4697.39
2014 年	5285.60	5142.37	5002.25
2015 年	5691.01	5506.45	5326.89

根据能源消费量，可得出各情景下"十二五"期间各年 CO_2 排放量，见表 3 - 8。由此可以看出，如果按目前发展趋势，青岛市未来 CO_2 减排面临非常大的压力。

表 3 - 8　2011—2015 年青岛市 CO_2 排放量预测值（能源消费弹性法）

单位：万吨

地区生产总值增长速度	Ⅰ（高）	Ⅱ（中）	Ⅲ（低）
	13%	12%	11%
能源需求量增长速度	7.67%	7.08%	6.49%
2011 年	10403.09	10289.40	10176.31
2012 年	11201.00	11017.88	10836.77
2013 年	12060.14	11797.96	11540.08
2014 年	12985.13	12633.26	12289.03
2015 年	13981.10	13527.70	13086.57

第三节　青岛市碳减排潜力分析

碳减排潜力的分析方法很多。结合区域发展实际，从易于操作、便于实施的角度来看，可以从区域各领域节能潜力分析入手，测算碳减排潜力。对各领域的节能潜力做出准确的评价，细化出碳减排的清单，才能使碳减排工作有的放矢。

按照采用节能方法的不同，节能潜力可以从结构节能、技术节能和管理节能等方面进行评价。

一　青岛市"十二五"期间结构节能的潜力分析

结构节能是指通过合理调整、优化产业结构实现节能。青岛市结构节能潜力分析之前必须判断产业结构调整与能源利用效率是否有着直接的关系，因此首先引入"产业结构演进—能源消费"和"产业结构演进—单位能耗"两个基本判断模型及其相关分析方法来探究青岛市能耗变化的根本原因，并结合地区经济发展趋势剖析能源节约潜力①。

"产业结构演进—能源消费"关联模型的数学表达式为：

$$EEI = EU/ESD \qquad\qquad (3-2)$$

其中，EU 是地区一次能源消费，ESD 是地区产业结构多元化演进程度。ESD 的计算公式为：

$$ESD = \sum(P/P,\ S/P,\ T/P) \in (1,\ +\infty)$$

其中，P 为第一产业产出，S 为第二产业产出，T 为第三产业产出。产业结构多元化的值域可以从 1 到无穷大。

"产业结构演进—单位能耗"关联模型是一种关于国家或地区产业结构演进与单位地区生产总值能耗变化的相关分析模型。其目的在于认识国家或地区产业结构演进的节能效果和变化趋势。其模型的数学表达方式为：

$$EEE = EE/ESD \qquad\qquad (3-3)$$

其中，EE 是单位地区生产总值能耗，ESD 是地区产业结构多元化演进程度。

根据"产业结构演进—能源消费"和"产业结构演进—单位能耗"两个基本判断模型，对青岛市 2000—2009 年的能源消费和产业结构演进进行拟合分析。

结果表明，拟合曲线显示产业结构演进和能源消费总量两者之间存在着显著的线性关联关系（$R^2 = 0.9637$），如图 3-4 所示。产业结构演进与单位地区生产总值能耗之间存在着显著的多项式相关关系（$R^2 = 0.9092$），如图 3-5 所示。

但是由于"十二五"期间青岛市产业结构多元化演进程度增长速度很快，用此模型预测将导致误差过大，故节能潜力分析仍旧根据《青岛市"十二五"能源需求情景分析》中预测的青岛市地区生产总值和产业结构变化情况来确定。

假设"十二五"期间单位地区生产总值能耗维持在 2009 年的水平，分别以上一年产业结构为基准，在不同的地区生产总值增长情景

---

① 模型来源于中国科学院地理科学与资源研究所的《中国区域结构节能潜力分析》。

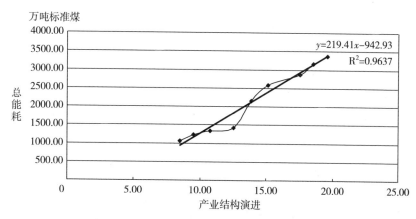

图3-4 结构演进—能源消费相关关系分析

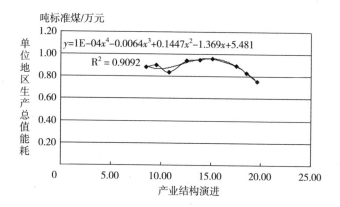

图3-5 结构演进—单位能耗相关关系分析

下，青岛市产业结构节能的潜力见表3-9。

表3-9 青岛市产业结构节能的潜力 单位：万吨标准煤

年份	地区生产总值增长13%的情景	地区生产总值增长12%的情景	地区生产总值增长11%的情景
2011	2.43	2.41	2.39
2012	4.72	4.64	4.55
2013	5.98	5.82	5.66
2014	7.74	7.47	7.21
2015	10.43	9.98	9.54
合计	31.30	30.32	29.36

注：结构节能=（上年同期该产业增加值比重-本期产业增加值比重）×上年同期该产业单位增加值综合能耗×本期增加值。

二 青岛市"十二五"期间重点技术节能的潜力分析

为推进节能技术的应用和推广，国家的相关部委分次分批发布了一系列的文件。其中，2000 年 2 月原国家经贸委公布了《国家重点行业清洁生产技术导向目录（第一批）》，目录涉及冶金、石化、化工、轻工和纺织 5 个重点行业，共 57 项清洁生产技术。2003 年 2 月原国家经贸委和原国家环保总局联合公布了《国家重点行业清洁生产技术导向目录（第二批）》，目录涉及冶金、机械、有色金属、石油和建材 5 个重点行业，共 56 项清洁生产技术。2006 年 11 月国家发改委和原国家环保总局联合发布了《国家重点行业清洁生产技术导向目录（第三批）》，目录涉及钢铁、有色金属、电力、煤炭、化工、建材、纺织等行业，共 28 项清洁生产技术。2008 年 5 月国家发改委公布了《国家重点节能技术推广目录（第一批）》，目录涉及煤炭、电力、钢铁、有色金属、石油石化、化工、建材、机械、纺织 9 个行业，共 50 项高效节能技术。2009 年 12 月国家发改委公布了《国家重点节能技术推广目录（第二批）》，目录涉及煤炭、电力、钢铁、有色金属、石油石化、化工、建材、机械、纺织、建筑、交通 11 个行业，共 35 项高效节能技术。2010 年 3 月工业和信息化部印发了《关于印发聚氯乙烯等 17 个重点行业清洁生产技术推行方案的通知》。

根据以上文件目录中涉及的行业和技术，采用专家意见集合法，围绕十大重点节能工程，从中选出了符合青岛市产业实际情况的节能技术，并结合对青岛市相关企业技术抽样调查情况，确定了适合青岛市产业发展的 45 种重点节能技术（见表 3 - 10）。

计算重点技术节能潜力是以"十一五"末青岛市相关企业的规模、生产能力、产量和技术水平为基础，假设这些节能技术普及率达到全国平均水平，对节能潜力进行评估。据此，青岛市"十二五"期间重点节能技术的年节能潜力约为 309 万吨标准煤。

需要说明的是，以上所选择的重点节能技术只是众多成熟节能技术的一部分，其选择原则一是根据青岛市现阶段的发展实际，二是针对大型企业和大工程，其节能潜力只是占未来青岛市技术节能潜力的一部分。目前，我国能源效率总体上要比国际先进水平低 10 个百分点左右。电力、钢铁、有色、石化、建材、化工、轻工、纺织八个重点耗能行业的主要产品单位能源消耗平均比国际先进水平高 40% 左右，燃煤工业锅炉、电动机等通用设备的系统运行效率也比世界先进水平低 10%—20%，建筑物的保温性能比发达国家低 2—3 倍，因此在技术节能方面有较大潜力。

表 3 – 10 　　　　　　青岛市重点节能技术的节能潜力　　单位：万吨标准煤

节能技术名称	适用范围	技术条件	节能潜力
汽轮机通流部分现代化改造	电力行业各种容量（50—600 兆瓦）和形式（纯凝、抽汽、空冷）的汽轮机	200 兆瓦及以上的各种汽轮机组	20.92
汽轮机汽封改造	电力行业火电厂汽轮机	125—600 兆瓦汽轮机	3.64
燃煤锅炉气化微油点火技术	电力行业适用于干燥无灰基挥发分含量高于 18% 的贫煤、烟煤、褐煤的锅炉	135—600 兆瓦机组	0.36
燃煤锅炉等离子煤粉点火技术	电力行业煤粉锅炉	机组容量包括 50、100、125、135、150、200、330 和 600 兆瓦各等级的机组锅炉	0.38
凝汽器螺旋纽带除垢装置技术	电力行业火力发电机组	凝汽器冷却水系统正常条件	6.56
干式 TRT 技术（高炉炉顶余压余热发电）	钢铁行业高炉炉顶余压发电	400 立方米以上高炉（国家重点支持 1000 立方米以上高炉）	1.84
钢铁行业烧结余热发电技术	钢铁行业	200℃—400℃ 的低温烟气	0.44
转炉煤气高效回收利用技术	钢铁行业	大、中、小型转炉	0.34
蓄热式燃烧技术	钢铁行业	通过蓄热系统对空气（煤气）预热，使进气温度提高到 1000℃ 以上，实现高效燃烧	0.46
低热值高炉煤气燃气—蒸汽联合循环发电	钢铁行业企业自发电	150 兆瓦发电机组	已采用

节能技术名称	适用范围	技术条件	节能潜力
能源管理中心技术	钢铁行业	有遥测、遥控的全套仪表、自动控制装置以及大量的电缆及桥架等，能源供应系统及所有用能设备必须配备有效准确的一次和二次检测装置，需要大量功能齐全的信号传输设施及计算机处理和集中控制中心	3.07
玻璃熔窑余热发电技术	建材行业	浮法玻璃窑	0.49
全氧燃烧技术	建材行业玻璃纤维和玻璃窑炉	6万吨玻璃纤维池窑浮法玻璃熔窑	0.00
辊压机粉磨系统	建材行业水泥生产线	水泥生产线	0.00
立式磨装备及技术	建材行业水泥、冶金等的物料粉磨领域	粉磨领域	0.00
富氧燃烧技术	建材行业	500吨/日	0.14
氨合成回路分子筛节能技术	化工行业大中型合成氨装置	采用离心式合成压缩机的装置	0.95
塑料动态成型加工节能技术	轻工行业，主要应用于塑料制品加工领域	改造传统塑料加工设备为塑料动态加工设备	0.001
高效节能玻璃窑炉技术	轻工行业，适合日用玻璃行业	年产23万吨玻璃窑炉生产线改造后达到年产26万吨	—
棉纺织企业智能空调系统节能技术	纺织行业大中型纺织企业的风机水泵系统	10万锭产能规模棉纺企业	—
染整企业节能集热技术	纺织行业	各类染整企业	—
高温高压气流染色技术	纺织行业染整企业	年产8000吨针织物染整加工	—
变频器调速节能技术	通用技术	低压变频器：电压范围为交流1千伏以下输入侧变频为50赫兹或60赫兹负载侧频率达600赫兹 高压变频器：电压范围为交流1—35千伏输入侧频率50赫兹或60赫兹负载侧频率达600赫兹	—

续表

节能技术名称	适用范围	技术条件	节能潜力
锅炉水处理防腐阻垢节能技术	通用技术工业、采暖锅炉以及中央空调、工业冷却循环水处理	适宜所有工业、采暖锅炉及中央空调、工业冷却循环水的水质处理	—
聚氨酯硬泡体用于墙体保温配套技术	建筑行业建筑墙体保温	建筑面积 100 万平方米	73.26
热泵节能技术	建筑行业建筑物的采暖供冷	地源热泵新建办公、宿舍楼配套	22.12
		水源热泵	80.00
中央空调智能控制技术	通用技术空调制冷系统	中央空调制冷系统	
电除尘器节能提效控制技术	电力、冶金、建材等行业电除尘器改造	1 台 300 兆瓦发电机组用大型电除尘器	1.53
纯凝汽轮机组改造实现热电联产技术	电力行业 125—600 兆瓦纯凝汽轮机组	2 台 200 兆瓦三缸三排汽纯凝机组，抽汽参数可调	11.48
电站锅炉空气预热器柔性接触式密封技术	电力行业火力发电锅炉空气预热器	2 台 1000 兆瓦火力发电机组，采用回转式空气预热器	2.57
锅炉智能吹灰优化与在线结焦预警系统技术	电力、钢铁、化工等行业工业锅炉	电厂大型锅炉机组	4.46
电站锅炉用邻机蒸汽加热启动技术	电力行业	2 台 1000 兆瓦直流锅炉机组的冷态启动	0.43
脱硫岛烟气余热回收及风机运行优化技术	电力行业	2 台 1000 兆瓦机组石灰石—石膏湿法烟气脱硫系统	4.76
新型高效节能膜极距离子膜电解技术	化工行业氯碱生产	20 万吨/年隔膜法烧碱装置改造（电解工艺部分）	4.60
全预混燃气燃烧技术	通用于工业燃烧加热工序，通过将燃料与空气在进入燃烧室喷嘴前进行完全混合，提高燃烧效率。同时采用自动化预混控制技术，使混合比能保证工作安全，不会产生回火现象	7 万吨/年大锅法固体烧碱生产企业	0.21

续表

节能技术名称	适用范围	技术条件	节能潜力
稳流行进式水泥熟料冷却技术	建材行业水泥熟料生产	5500 吨/天水泥新型干法生产线	1.05
四通道喷煤燃烧节能技术	建材、冶金、有色行业	5500 吨/天	0.24
高效节能选粉技术	建材行业水泥粉磨生产线、化工行业干法粉体制备以及工业废渣综合利用	5000 吨/天熟料生产线配套	0.69
频谱谐波时效技术	机械行业	铸造、锻造、焊接等热时效工艺	0.931
大型高参数板壳式换热技术	石化行业	设计压力≤32 兆帕；操作压差≤1.6 兆帕；操作温度≤550℃；单台面积 50—10000 平方米	0.29
基于吸收式换热的热电联产集中供热技术	供热行业	20 万平方米的集中供热系统	55.56
供热系统智能控制节能改造技术	供热行业	14 万平方米的集中供热系统	5.71
合计	—	—	309.5

此外，不少清洁生产技术不仅具有减少污染物排放、增加企业经济效益的效果，同样也具有一定的节能潜力。在国家推广的重点行业清洁生产技术中，选择适合青岛市且具有一定节能效果的清洁生产技术①，按照青岛市此行业的规模在全国中所占比重进行推测，节能潜力约有 19 万吨标准煤（见表 3 - 11）。

三 青岛市"十二五"管理节能的潜力分析

管理节能潜力涉及增量控制管理和存量挖潜管理两方面。增量控制管理主要是严格项目准入，对新增用能项目特别是新改扩建固定资

———————

① 项目清单见《青岛市"十二五"清洁生产之节能技术》。

产投资项目进行节能评估，只允许通过审核或核准后的项目立项。存量挖潜管理主要表现在以下几个方面：一是加强重点用能企业节能目标管理和考核制度建设，推进构建能源管理体系，提高用能岗位员工的素质，促进能源消费过程管理优化；二是充分利用信息化手段，构建能耗动态监管系统，借助能源审计进行企业能源诊断；三是优化布局结构，采用行政手段淘汰落后产能，推进清洁生产审核；四是鼓励开展合同能源管理。

青岛市于 2007 年开始对固定资产投资建设项目进行节能评估。2007—2009 年，通过节能评估和审查的项目总数为 96 个，因能耗高未通过节能审查的项目为 11 个。通过固定资产投资建设项目节能评估，有效地杜绝了能源效率低下的高耗能固定资产投资项目，使新建项目单位增加值能耗达到 0.6 吨标准煤/万元，低于青岛市现有工业增加值能耗 33 个百分点，其中的 15 个节能技改项目节能量达到29.62 万吨标准煤（见表 3－11）。

2009 年青岛市重点用能单位能耗动态监管系统开始试运行。首批87 家年综合能源消费总量 10000 吨标准煤以上的企业纳入监测范围。经过一年的试运行，效果良好。利用重点用能单位能耗动态监管系统，青岛市不仅实现了对重点用能单位能源消费的动态监测，而且在对企业能源消费情况进行动态分析的基础上，实现了对能源利用出现异常波动企业的预警。

淘汰落后产能方面，仅 2008 年青岛市就有 6 家企业完成了落后产能淘汰工作，其中水泥生产企业 4 家，淘汰落后产能 51.6 万吨，电力企业 2 家，淘汰落后产能 5.2 万千瓦。淘汰的 10 条立窑生产线，每年可节约标准煤 14 万吨。

根据青岛市"十一五"期间的管理节能经验及实施成效，并参照国内外管理节能效果，"十二五"期间青岛市管理节能潜力可以达到5%—10%。

四　青岛市"十二五"重点领域的节能潜力分析

（一）工业领域节能潜力评估

"十一五"以来，青岛市工业企业能源利用效率有了明显的提高，重点耗能产品均提前完成国家《节能中长期专项规划》中规定的能耗目标，个别产品的单位能耗水平甚至已经达到或超过 21 世纪初的国际先进水平，但是相对于国际、国内的先进水平，工业领域能源利用效率仍存在一定的差距。

1. 重点耗能产品的节能潜力

在列入统计的 21 种重点耗能产品中，2008 年青岛市有 12 种产品的单位能耗高于山东省同期的单位产品能耗。其中，热电企业发电标准煤耗高 54. 14 克/千瓦时，高出约 15 个百分点，供电标准煤耗高 70. 54 克/千瓦时，高出约 18 个百分点；原油加工综合能耗高 9. 18 千克标准煤/吨，高出近 10 个百分点；合成氨综合能耗（中型企业）高 11. 86 千克标准煤/吨，高出约 0. 85 个百分点；纯碱综合能耗（氨碱法）高 20. 02 千克标准煤/吨，高出约 5 个百分点；炭黑综合能耗高 245. 17 千克标准煤/吨，高出约 12 个百分点；轮胎综合能耗高 714. 10 千克标准煤/吨三胶，高出约 65. 6 个百分点；吨钢综合能耗高 47. 78 千克标准煤/吨，高出约 14. 34 个百分点；纸和纸板综合能耗高 73. 4 千克标准煤/吨，高出约 16 个百分点；棉纱折标准品全厂生产用电高 156. 94 千瓦时/吨，高出约 12. 5 个百分点；棉布折标准品全厂生产用电高 2. 37 千瓦时/百米，高出约 14 个百分点；印染布综合能耗高 3. 43 千克标准煤/百米，高出约 9 个百分点；供热综合能耗高 1. 55 千克标准煤/吉焦，高出约 3 个百分点。以 2008 年工业产品产量为基准，这 12 种重点耗能产品的节能潜力约为 54. 4 万吨标准煤（见表 3 - 11）。

表 3 - 11 　　　　　　　青岛市重点耗能产品的节能潜力

指标名称	单位	山东省	青岛市	差额	节能潜力（万吨标准煤）
发电标准煤耗（热电企业）	克/千瓦时	358. 83	412. 97	- 54. 14	7. 02
供电标准煤耗（热电企业）	克/千瓦时	391. 95	462. 49	- 70. 54	9. 15
原油加工综合能耗	千克标准煤/吨	93. 83	103. 01	- 9. 18	10. 26

续表

指标名称	单位	山东省	青岛市	差额	节能潜力 （万吨标准煤）
合成氨综合能耗（中型企业）	千克标准煤/吨	1395.49	1407.35	-11.86	0.21
纯碱综合能耗（氨碱法）	千克标准煤/吨	394.55	414.57	-20.02	1.44
炭黑综合能耗	千克标准煤/吨	2055.14	2300.31	-245.17	34.50
轮胎综合能耗	千克标准煤/吨 三胶	1088.15	1802.25	-714.10	31.89
吨钢综合能耗	千克标准煤/吨	599.68	647.46	-47.78	14.34
吨钢可比能耗（联合企业）	千克标准煤/吨	615.59	649.51	-33.92	10.18
纸和纸板综合能耗	千克标准煤/吨	450.51	523.91	-73.4	1.64
棉纱折标准品全厂生产用电	千瓦时/吨	1258.62	1415.56	-156.94	0.08
棉布折标准品全厂生产用电	千瓦时/百米	16.95	19.32	-2.37	0.14
印染布综合能耗	千克标准煤/百米	36.92	40.35	-3.43	0.20
供热综合能耗	千克标准煤/吉焦	41.75	43.3	-1.55	9.39

资料来源：《青岛市能源利用状况报告2008》。

2. 不同工业行业的节能潜力

青岛市各工业行业的能源利用效率相对较高，大多数工业行业的单位工业增加值综合能耗处于较低的水平，但是仍有为数不少的行业，其单位工业增加值综合能耗与全国或先进城市相比存在着一定的差距。

在《国民经济行业分类》（GB/T 4754-2002）纳入工业的41个大类，2008年青岛市的食品制造业，饮料制造业，烟草制品业，纺织服装、鞋、帽制造业，皮革、毛皮、羽毛（绒）等，家具制造业，石油加工炼焦及核燃料，化学原料及化学制品制造，医药制造业，化学纤维制造业，专用设备制造业，电力、热力的生产和供应以及燃气生产和供应业13个行业的单位工业增加值综合能耗高于全国平均值，也高于深圳市或上海市（见表3-12）。

表 3 – 12   青岛市不同工业行业的节能潜力

	比较差额（吨标准煤/万元）			节能潜力（万吨标准煤）		
	深圳 （2006）	上海 （2005）	国家 （2006）	深圳 （2006）	上海 （2005）	国家 （2006）
食品制造业	—	0.042		—	2.047	—
饮料制造业	0.184	0.033	—	4.775	0.856	—
烟草制品业	—	0.010		—	0.596	
纺织服装、鞋、帽制造业	—	0.063		—	5.031	
皮革、毛皮、羽毛（绒）等	—	0.037	0.034	—	2.205	2.026
家具制造业	—	0.133	0.174	—	3.187	4.169
石油加工炼焦及核燃料	1.749	—	1.239	26.620	—	18.858
化学原料及化学制品制造	1.029	1.048	—	99.319	101.153	—
医药制造业	0.031	—		0.611	—	
化学纤维制造业	0.054	—		0.102	—	
专用设备制造业	—	0.089			7.448	
电力、热力的生产和供应	5.025	6.490	6.480	256.476	331.250	330.739
燃气生产和供应业	2.223	—	—	8.914	—	—
合计				396.817	453.772	355.792

注：①"—"表示青岛市此行业的单位工业增加值综合能耗占优。

②节能潜力 = 比较差额×2008 年青岛市该行业单位工业增加值。

资料来源：《青岛市能源利用状况报告 2008》。

以 2008 年青岛市相关行业工业增加值为基准进行综合比较可以看出，青岛市这 13 个行业的节能潜力最大约为 494.92 万吨标准煤。

（二）建筑领域节能潜力评估

1. 居住建筑节能潜力

截至 2008 年，青岛市约有房屋建筑总面积 10711.9 万平方米，居住建筑面积 6028.25 万平方米。根据 2007 年的统计，节能住宅面积占居住建筑面积的 35.3%。至 2008 年年底，市区供热面积达 4852 万平方米，热化率 52%，其中非节能建筑供热面积约 1100 万平方米。

按照建设部《既有采暖居住建筑节能改造技术规程（JGJ 129 - 2000）》，青岛市居住建筑的采暖期能耗仍然处于较高的水平（见表 3 - 13）。按照 2008 年城市居民热力消费水平计算，青岛市居住建筑的采暖期节能潜力为 27.66 万吨标准煤。如果将青岛市存量的 4719 万平方米非节能住宅完全实现节能改造，则青岛市居住建筑的采暖期节能潜力还有 26.90 万吨标准煤。

表 3 - 13　青岛市采暖期有关参数及建筑物耗热量、采暖耗煤量

	天数	室外平均温度（℃）	度日数	耗热量指标（瓦/平方米）	耗煤量指标（千克/平方米）
青岛市	110	0.9	1881	20.2	10.7

资料来源：《既有采暖居住建筑节能改造技术规程（JGJ 129 - 2000）》。

2. 公共建筑节能潜力

公共建筑能源消耗情况复杂。除空调、照明外，不同性质建筑物内综合服务设备、办公设备耗电不同。按照青岛市建委对市内公共建筑能效调查的结果，商场、宾馆和宾馆饭店的单位面积能耗居于各类公共建筑单位面积能耗的前三位。

从全国各大中城市的调查结果来看，公共建筑中一般中央空调系统的能耗占整个大楼能耗的 20%—50%，照明系统的能耗占整个大楼能耗的 30% 左右，而建筑内综合服务设备如电梯等的耗电量在建筑中占 5%—10%（见图 3 - 6）。因此，公共建筑节能主要表现在降低电耗上。

青岛市公共建筑面积约为 4680 万平方米，由于缺乏相关分类统计数据，节能潜力分析按照各种类型公共建筑单位面积平均耗能 11.22 千克标准煤/平方米·年计算，假设完成公共建筑节能改造，达到 30% 节能效果，按照"节能潜力 = 公共建筑单位面积平均耗能 × 公共建筑面积 × 节能率"来计算，则每年可节约 52.5 万吨标准煤（见表 3 - 14）。

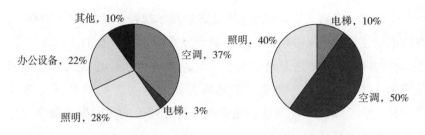

典型商业写字楼各分项耗电量及比例   典型商场各分项耗电量及比例

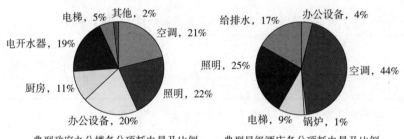

典型政府办公楼各分项耗电量及比例   典型星级酒店各分项耗电量及比例

图 3 - 6　不同类型公共建筑电耗比例

表 3 - 14　　青岛市国家机关办公建筑和大型公共建筑能效统计

建筑类型	建筑数量	建筑面积（平方米）	总电耗（千瓦时）	单位面积耗电（千瓦时/平方米·年）	天然气（千克标准煤）	总能耗（千克标准煤）	单位面积能耗（千克标准煤/平方米·年）
办公楼	42	1626199	99111059	60.95	1144000.83	13324749.98	8.19
宾馆	8	197617	20082584	101.62	2302144.88	4770294.45	24.14
宾馆饭店	3	93500.00	12457446	133.23	66446.80	1597466.91	17.09
商场	17	602810	94259336	156.37	2170462	13754934	22.82
机关建筑	83	755180	39668939	52.53	619539.3	5494852	7.28
其他	14	471238	24604026	52.21	71530.06	3095365	6.57
合计	167	640803	33808022	77.45	6374123	42037662	11.22

资料来源：根据青岛市建委资料整理。

（三）交通领域节能潜力评估

青岛市交通运输、仓储和邮政业成品油消费量约占第三产业成品油消费量的一半，占全市成品油消费总量的 1/5。交通部编制的《公路水路交通节能中长期规划纲要》，通过综合研究国内外相关学术文献、总结相关试验分析与实践经验，提出了公路等运输领域在规划期内的主要可行节能措施。鉴于铁路、航空、管道运输的能耗由铁道部、地方铁路协会、民航总局、三大石油公司管道运输部门组织全面调查，而未纳入青岛市统计范围，故仅以交通部确定的公路领域量化节能效果为基础，计算青岛市交通运输领域的节能潜力。

青岛市公路运输节能潜力包括三个方面：营业性公路运输业节能潜力、社会非营业性运输工具节能潜力和城市公共交通节能潜力。

1. 营业性公路运输业节能潜力

按照商用车约 80% 的柴油化比率[1]，营业性载货汽车平均油耗水平为汽油 8 升/百吨·千米、柴油 6 升/百吨·千米[2]，客运燃油消耗根据周转量按照 10 人·千米 = 1 吨·千米换算，平均油耗水平为汽油 0.8 升/百人·千米、柴油 0.6 升/百人·千米。以 2009 年青岛市公路运输量为基准，在现有技术水平条件下，燃油消耗可降低 10%—20%，按照"节能潜力 = 公路货运周转量 × 货运周转量单位平均油耗 × 节能率"来计算，营业性公路运输业节能潜力为 27.7 万—55.4 万吨标准煤（见表 3-15、表 3-16）。

2. 社会非营业性运输工具节能潜力

截至 2009 年，青岛市民用车辆拥有量约为 81.40 万辆，其中个人拥有量约为 24.26 万辆（见表 3-17）。而根据统计局的抽样调查，2009 年青岛市全市居民总户数为 243.18 万户，其中城市为 92.15 万户，每百户城市居民家庭汽车拥有量为 18 辆；农村为 152.59 万户，

---

① 目前我国商用车的柴油化比率约 80%，和发达国家相比差距不大，欧美国家 100% 的重型车、90% 的轻型车采用柴油机作为动力装置。我国乘用车的柴油化比率偏低，还不到 1%，而欧洲柴油乘用车整体比例达到 32%，法国、西班牙等国家更高达 50% 以上。参见中国汽车技术研究中心高和生《国内汽车发动机市场情况分析及未来发展预测》，2005 年。

② 数据来源于吴文化、樊桦、李连成、杨洪年《交通运输领域能源利用效率、节能潜力与对策分析》，《宏观经济研究》2008 年第 6 期。

表 3 - 15 公路运输节能潜力

类别	主要节能措施	节能效果参考值（%）
结构性节能	载货车辆平均吨位提高 1 吨	6
	开展拖挂、甩挂运输	30
	采用柴油机车辆（相对汽油车）	15
	提高公路技术等级	15—41
	提高路面等级（油路相对于砂石、土路）	10—15
技术性节能	应用智能交通技术	25—50
	推广应用混合动力系统	10—50
	减轻车身自重 10%	8
	发动机提高 1 个单位的压缩比	7
	子午线轮胎代替普通斜交胎	5—10
	高速车辆安装导流板	4—10
	安装风扇离合器	4—6
管理性节能	提高车辆里程利用率 1%—5%	3—15
	缓解道路交通拥挤	7—10
	严格执行车辆维修保养制度	5—30
	提高驾驶员驾驶水平	7—25
	实施营运车辆准入退出机制	5—10

资料来源：交通运输部《公路水路交通节能中长期规划纲要》。

表 3 - 16 2009 年青岛市公路运输完成的运输量

	运输方式	单位	运输量
客运周转量	公路	亿人·千米	125.33
货运周转量	公路	亿吨·千米	344.74

资料来源：《青岛统计年鉴 2010》。

表 3 - 17 青岛市民用车辆拥有量（2009 年年底） 单位：辆

项目	合计	个人
一、汽车	813978	242631
1. 载客汽车	632991	152439

续表

项目	合计	个人
其中：轿车	368251	74220
2. 载货汽车	115611	41032
3. 其他汽车	65376	49160
二、电车	76	
三、摩托车	660563	654560
四、农用运输车	50180	48517
五、挂车	13722	1021
六、其他类型车	163	13

资料来源：《青岛统计年鉴 2010》。

每百户农村居民家庭汽车拥有量为 11 辆。

对于非营运车辆，根据主要交通方式能源强度的相关统计数据，可以确定青岛市非营运车辆能源消费强度为 0.0686 千克标准煤/人·千米（见表 3 – 18）。如果采用燃油替换、加强驾驶员节能驾驶培训、加快基础设施建设和提高交通管理水平实现道路畅通等节能措施，非营运车辆能耗可降低 10% 左右。按照非营运车辆总数计算，未来节能潜力约为 1.15 万吨标准煤；按照城市出行人数计算，非营运车辆未来节能潜力约为 2.80 万吨标准煤。

表 3 – 18　　　　　　　主要交通方式的能源强度—1

交通形态	装载系数	能源强度 （千卡/人·千米）	能源强度 （千克标准煤/人·千米）
电动自行车	1.2	26.6	0.0038
自行车	1.0	45.3	0.0065
摩托车	1.2	174.0	0.0249
城市公交	21.0	129.0	0.0184
家庭轿车	1.8	480.0	0.0686

资料来源：《电动自行车社会责任报告之二：应对气候变化和节能减排篇》。

3. 城市公共交通节能潜力

城市公共交通的方式主要包括市内公共汽车、电车（有轨、无轨）、出租汽车。城市公共交通系统消费的能源主要为汽油、柴油、燃气（压缩天然气 CNG、液化石油气 LPG）、电力。截至 2009 年，青岛市共有营运公交汽车、电车 4343 辆，出租汽车 9271 辆。[①] 城市公共交通工具的节能方式有通过液压技术、传动技术、控制技术的结合实现车辆的低油耗、低排放，合理规划城市公共交通线网布局，调整公共交通供给结构，加快运输工具和设备技术更新，提高公共交通运营组织管理水平，加强城市交通需求管理，抑制私人交通需求过快增长等。综合青岛市情况，这一领域节能潜力为 15%—20%。以 2009 年公共交通工具的保有量为基准，按照"节能潜力 =（公交汽车、电车能源消费量 + 出租汽车能源消费量）×节能率"来计算，其节能潜力为 2.7 万—3.5 万吨标准煤（见表 3 - 19）。

表 3 - 19　　　　　　　主要交通方式的能源强度—2

交通方式	能源	能源强度（10^6 焦/乘次·千米）
助力车	汽油	0.035
	液化石油气	0.021
摩托车	汽油	0.034
轻型客车	汽油	0.050
出租车	液化石油气	0.142
	汽油	0.016
重型客车及巴士	柴油	0.014
轻型货车	汽油	0.145
	柴油	0.133
重型货车	汽油	0.070
	柴油	0.065
轨道变通	电力	0.176

资料来源：贾顺平、彭宏勤、刘爽、张笑杰：《交通运输与能源消耗相关研究综述》，《交通运输系统工程与信息》2009 年第 3 期。

---

① 《2009 年青岛市国民经济和社会发展统计公报》。

（四）居民生活节能潜力评估

自 1995 年起，国家标准化管理部门和节能主管部门委托全国能源标准化委员会陆续对家用电冰箱、房间空调器等能效标准进行修订，同时陆续出台了管形荧光灯镇流器、中小型三相异步电动机等其他家用电器、照明产品和工业设备的强制性能效标准。目前，家庭终端用能主要集中在家用电冰箱、房间空调器、电视机、照明等方面。根据国家相关产品能效标准按照最高级比最低级的节能率计算居民生活节能潜力。

根据相关抽样调查数据，电视节能潜力按照每天一台电视工作 4 小时计，能效级别最高的平板电视比能效级别最低的能耗平均低 50 瓦；冰箱按照日平均耗电 1 千瓦时计，能效级别最高的比能效级别最低的能耗平均低 30%[①]；空调按照每年运行 180 天、日平均耗电 2 千瓦时计，空调的能效等级一级比五级省电 23.5%。

青岛市历年家庭的主要耐用品拥有量如表 3-20 所示。按照家电平均寿命为 10 年，假设家电在第 11 年完成更新，即 2001 年家电 2011 年完成更新，2002 年家电 2012 年完成更新，以此类推。根据国家相关产品能效标准，按照最高级比最低级的节能率计算居民生活节能潜力，青岛市家用电器节能潜力计算结果见表 3-21。如果青岛市居民对 2005 年之前拥有的电器全部更换，则相对于"十一五"末，"十二五"期间的累计节能潜力约为 113.56 万吨标准煤。

（五）农业领域节能潜力评估

1. 化学肥料投入控制的间接节能潜力

目前，农业施用化肥普遍存在用量多、效率低的情况。为提高化肥使用效率，青岛市农委"十一五"期间开始在青岛市农村实施测土配方施肥工作。测土配方施肥工作的开展不仅增加农民收益，降低生

---

① 美国在 1990—1993 年第一次能效标准颁布后，新电冰箱平均能耗下降了 30%；2001 年颁布的新能效标准要求：电冰箱平均额定耗电量比 1993 年再降低 30%。欧洲在 1990—1999 年，冰箱冰柜能耗下降 27%。日本电冰箱 1986 年能耗比 1973 年下降 66%。日本公布的 2004 年电冰箱节能目标与 1997 年相比再节能 30%。参见中国标准化研究院《超前性能效标准技术分析报告（家用电冰箱）》，2003 年 11 月。

表 3 - 20　　　　　　　　青岛市历年家庭主要耐用品拥有量

年份	城市家庭主要耐用品拥有量				农村家庭主要耐用品拥有量			
	城市居民户数	空调器（万台）	电冰箱（万台）	彩色电视机（万台）	农村居民户数	空调器（万台）	电冰箱（万台）	彩色电视机（万台）
2001	81.41	19.78	75.55	103.80	146.02	—	77.39	134.34
2002	82.85	31.73	77.05	102.15	146.82	—	85.16	143.88
2003	84.15	39.97	78.09	105.02	148.11	7.41	88.87	148.11
2004	86.93	47.81	80.41	107.36	148.36	11.87	100.88	155.78
2005	87.99	60.98	83.41	104.09	149.36	20.91	115.01	162.80
2006	89.12	79.58	87.78	110.95	150.21	22.53	130.68	168.24
2007	90.21	88.68	96.25	109.88	151.34	28.75	142.26	171.01
2008	91.22	85.52	93.73	105.82	151.96	34.95	147.40	173.23
2009	92.15	90.58	96.76	108.28	152.59	38.15	151.06	175.48

资料来源：根据《青岛统计年鉴》（2002—2010）整理。

表 3 - 21　　　　　　青岛市历年家庭主要耐用品节能潜力　单位：万吨标准煤

年份	空调器	电冰箱	彩色电视机	照明	合计
2011	0.37	3.73	3.87	13.48	21.45
2012	0.60	3.96	4.00	13.48	22.04
2013	0.89	4.07	4.12	13.48	22.56
2014	1.13	4.42	4.28	13.48	23.31
2015	1.54	4.84	4.34	13.48	24.2
合计	4.53	21.02	20.61	67.4	113.56

注：①空调器和电冰箱节能潜力：单台日均用电量×年运行天数×更新量×节能率。

②彩电和照明节能潜力：单台节能功率×日工作小时×年运行天数×更新量。

③家用照明按每家使用寿命为1年的11瓦节能灯4盏替代40瓦普通灯泡，每天每盏节能灯工作4小时计。

④此表中的家庭包含了城市居民和农村居民。节能潜力按照发电煤耗计算。

产成本，而且间接降低了能源消费。2007 年青岛市共实施测土配方施肥面积 206 万亩，减少不合理施肥 6900 吨；2008 年测土配方施肥推广面积达到 321 万亩，全年共减少不合理施肥总量 8066 吨。青岛市耕地面积大约 630 万亩左右，如果按照以上比例测算，全青岛市可减少不合理施肥 1.5 万—2 万吨，按照"节能量 = 青岛市化肥生产单位能耗 × 不合理施肥减少量"来计算，可间接节约 1.95 万—2.6 万吨标准煤。

2. 农作物秸秆节能潜力

青岛市的秸秆资源丰富，农作物秸秆年生产总量约 521 万吨，其中小麦秸秆约 182 万吨，玉米秸秆约 210 万吨，花生秸秆约 48 万吨，其他作物秸秆约 81 万吨。全市综合利用约 380 万吨，其中家庭直接燃烧用 90 万吨，工业用途 15 万吨，秸秆养菇 10 万吨，秸秆养畜 110 万吨，直接还田 157 万吨，其他用途（包括沼气池、秸秆集中供气站用秸秆）10 吨。如全市农作物剩余秸秆全部转化为能源，按照"节能量 = 农作物秸秆燃烧折标系数 × 农作物秸秆量"来计算，可节省常规能源折标准煤约 72.6 万吨。

3. 畜禽粪便节能潜力

畜禽养殖是青岛市的优势产业，畜禽养殖粪尿年排放量约 2200 万吨，大部分畜禽养殖业粪尿未经处理而直接排放，不但造成了资源浪费，而且对农业生态环境造成严重影响。若全部通过沼气工程进行综合处理，每年可产沼气 5 亿立方米，可替代标准煤 78 万吨或可转换电力 8 亿度。

五 青岛市"十二五"期间 CO_2 减排潜力分析

综合以上分析，可得出如下结论：

（一）青岛市"十二五"期间结构节能的潜力分析

按照"十一五"期间产业结构演进的格局，"十二五"期间假设单位地区生产总值能耗维持在 2009 年的水平，地区生产总值增长 11% 的情景下，青岛市的产业结构节能潜力平均 4.8 万吨标准煤。

（二）青岛市"十二五"管理节能的潜力分析

根据青岛市"十一五"期间的管理节能经验及实施成效，并参照国内外管理节能效果，"十二五"期间青岛市管理节能潜力可以达到 5%—10%。

（三）工业行业的节能潜力

围绕国家十大重点节能工程，从相关部委节能技术推广目录中选出了适合青岛市产业发展的重点节能技术，以"十一五"末青岛市相关企业的规模、生产能力、产量和技术水平为基础，假设这些节能技术普及率达到全国平均水平，则"十二五"期间青岛市重点节能技术的年节能潜力约为 309 万吨标准煤。

从行业单位工业增加值综合能耗角度来看，与全国或深圳、上海等先进城市相比，青岛市有 13 个行业单位工业增加值综合能耗较高。以 2008 年青岛市相关行业的工业增加值为基准，这些行业最大节能潜力约为 494.92 万吨标准煤。

（四）建筑领域节能潜力评估

居住建筑：如果按照 2008 年城市居民热力消费水平计算，青岛市已实现集中供热的居住建筑采暖期的节能潜力为 27.66 万吨标准煤。

公共建筑：青岛市公共建筑面积约为 4680 平方米，如果按照各种类型公共建筑单位面积平均耗能 11.22 千克标准煤/平方米·年计算，并假设完成公共建筑节能改造，达到 30% 节能效果，则每年可节约 52.5 万吨标准煤。

（五）交通领域节能潜力评估

以交通部确定的公路领域量化节能效果为基础，计算青岛市交通运输领域的节能潜力。

营业性公路运输业节能潜力：以 2009 年青岛市公路运输量为基准，采用现有节能技术，燃油消耗可降低 10%—20%，则营业性公路运输业节能潜力为 27.7 万—55.4 万吨标准煤。

社会非营业性运输工具节能潜力：按照非营运车辆总数计算，未来节能潜力约为 1.15 万吨标准煤；按照城市出行人数计算，非营运车辆未来节能潜力约为 2.80 万吨标准煤。

城市公共交通节能潜力：按照 2009 年公共交通工具的保有量计算，节能潜力为 2.7 万—3.5 万吨标准煤。

（六）居民生活节能潜力评估

根据家电保有量，假设家电全部更换为最高能效级别，则"十二五"期间，青岛市家用电器节能潜力大约折合 114 万吨标准煤，年均节能潜力约 23 万吨标准煤。

（七）农业领域节能潜力评估

化学肥料投入控制：如果将青岛市现有耕地全部采用测土配方施肥，可间接节约 1.95 万—2.6 万吨标准煤。

农作物秸秆综合利用：如果将青岛市尚未利用的农作物秸秆全部转化为能源，每年可节省常规能源折标准煤约 72.6 万吨。

畜禽粪便综合利用：如果将青岛市畜禽养殖业每年产生的畜禽粪便全部通过沼气工程进行综合处理，每年可替代标准煤 78 万吨。

（八）碳减排潜力

扣除重复考虑计算因素，采用以上计算结果下限进行统计，青岛市在"十二五"期间的年节能潜力合计约为 602.71 万吨标准煤，折合减排 CO₂1480.68 万吨（见表 3 – 22）。

表 3 – 22　　青岛市"十二五"期间年节能潜力与碳减排潜力

	节能潜力（万吨标准煤）	碳减排潜力（万吨 CO_2）
产业结构调整	4.80	11.79
工业领域	309.00	759.12
建筑领域	80.16	196.93
交通领域	33.20	81.56
居民生活领域	23.00	56.50
农业领域	152.55	374.77
合计	602.71	1480.68

第四章 青岛市低碳城市建设评价

第一节 基于3E的低碳城市建设
评价指标构建

根据评价的实际需要，遵循系统性、综合性、科学性、层次性、可操作性等的指标选取原则，本书在借鉴国内外已有成果的基础上，结合青岛市国民经济和社会发展的实践，共选择确定了能源（Energy）、经济（Economy）、环境（Environment）三个一级指标（3E），设置了17项二级指标，如表4-1所示。

表4-1　　　　　　　　低碳城市评价指标体系

一级指标	序号	二级指标	单位	指标性质
经济指标	1	人均地区生产总值	元	正向
	2	第三产业占地区生产总值的比例	%	正向
	3	工业增加值率	%	正向
	4	R&D投入占财政支出比例	%	正向
	5	高新技术产业产值占规模以上工业总产值比重	%	正向
	6	研发活动人员比重	%	正向
	7	全员劳动生产率	万元/人	正向

续表

一级指标	序号	二级指标	单位	指标性质
能源指标	8	单位地区生产总值能耗	吨标准煤/万元	逆向
	9	碳生产率	万元/吨	正向
	10	能源消费弹性系数	—	逆向
	11	单位地区生产总值水耗	万立方米/亿元	逆向
	12	人均碳排放	吨/人	逆向
环境指标	13	建成区绿地覆盖率	%	正向
	14	市区空气质量优良率	%	正向
	15	工业废水排放达标率	%	正向
	16	人均公共绿地面积	平方米/人	正向
	17	环保投资占财政支出比重	%	正向

第二节　低碳城市建设评价模型构建

一　评价方法选择

低碳城市建设决策涉及众多影响因素，为了全面、系统地分析问题，故选择主成分分析构建模型进行评价。

在统计学中，主成分分析（Principal Components Analysis，PCA）是一种通过线性变换简化数据集的技术。这个线性变换把数据变换到一个新的坐标体系中，使任何数据投影的第一大方差在第一个坐标（称为第一主成分）上，第二大方差在第二个坐标（第二主成分）上，依次类推。主成分分析是一种借助正交变换将数据集降维，又保持其对方差贡献最大的特征的统计方法。

二　评价模型

设有 m 个样本，每个样本有 n 项观测指标（变量）X_1，X_2，$\cdots$，X_n，得到的原始观测值矩阵为：

$$X = \begin{bmatrix} x_{11} & x_{12} & \cdots & x_{1n} \\ x_{21} & x_{22} & \cdots & x_{2n} \\ \vdots & \vdots & \vdots & \vdots \\ x_{m1} & x_{m2} & \cdots & x_{mn} \end{bmatrix} = (X_1, X_2, \cdots, X_n)$$

用观测值矩阵 X 的 n 个向量 X_1, X_2, $\cdots$, X_n 作线性组合，为：

$$\begin{cases} F_1 = a_{11}X_1 + a_{21}X_2 + \cdots + a_{n1}X_n \\ F_2 = a_{12}X_1 + a_{22}X_2 + \cdots + a_{n2}X_n \\ \vdots \\ F_n = a_{1n}X_1 + a_{2n}X_2 + \cdots + a_{nn}X_n \end{cases}$$

若上述方程组满足：

①$a_{1i}^2 + a_{2i}^2 + \cdots + a_{ni}^2 = 1$, $i = 1$, 2, $\cdots$, n,

②F_i 和 F_j 不相关，i, $j = 1$, 2, $\cdots$, n, 且 $i \neq j$,

③F_1 是 X_1, X_2, $\cdots$, X_n 的一切线性组合（系数满足上述方程组）中方差最大的；F_2 是与 F_1 不相关的，X_1, X_2, $\cdots$, X_n 的一切线性组合中方差最大的；依次类推，F_n 是与 F_1, F_2, $\cdots$, F_{n-1} 都不相关的，X_1, X_2, $\cdots$, X_n 的一切线性组合中方差最大的。

那么，可以称 F_1 为第一主成分，F_2 为第二主成分，F_n 为第 n 主成分。方程式中的系数向量（a_{1i}, a_{2i}, $\cdots$, a_{ni}, $i = 1$, 2, $\cdots$, n），恰好是 X 的协差阵所对应的特征向量，也就是说，数学上可以证明使 $Var(F_1)$ 达到最大，这个最大值是在协差阵的第一个特征值所对应的特征向量处达到的。依次类推，$Var(F_n)$ 的最大值是在协差阵的第 n 个特征值所对应的特征向量处达到的。

三　评价过程

通常采用主成分分析法求取因子变量，对数量上差异很大的不同量纲数据则进行标准化，将其变成均值为 0、方差为 1 的无量纲数据。本书中由于指标性质不完全一致，存在正向指标和逆向指标之分，正向指标是指标的实际值越大、绩效越好的指标，逆向指标是指标的实际值越小、绩效越好的指标。因此，应当将数据标准化处理，使指标无量纲化，标准化方法如式（4－1）、式（4－2）所示。

对于正向指标，其计算公式为：

$$r_{pj} = (x_{pj} - \min_j) / (\max_j - \min_j)，x_{pj} \in d_j \qquad (4-1)$$

对于逆向指标，其计算公式为：

$$r_{pj} = (\max_j - x_{pj}) / (\max_j - \min_j)，x_{pj} \in d_j \qquad (4-2)$$

其中，d_j 为第 j 个指标 x_j 的取值范围，$d_j = [\max(x_j)，\min(x_j)]$。

X_1，X_2，$\cdots$，X_n 的主成分就是以协差阵的特征向量为系数的线性组合，它们互不相关，其方差为协差阵的特征根，当协差阵未知时，可由其估计值 S（样本协差阵）来代替。

设原始数据资料矩阵为：

$$X = \begin{bmatrix} x_{11} & x_{12} & \cdots & x_{1n} \\ x_{21} & x_{22} & \cdots & x_{2n} \\ \vdots & \vdots & \vdots & \vdots \\ x_{m1} & x_{m2} & \cdots & x_{mn} \end{bmatrix}$$

则 $S = (s_{ij})$，其中，$s_{ij} = \dfrac{1}{m} \sum_{k=1}^{m} (x_{ki} - \bar{x}_i)(x_{ki} - \bar{x}_j)$。相关系数矩阵为 $R = (r_{ij})$。

设 r_{ij} 为处理后的指标 i 与 j 间的相关系数，则有：

$$R = \begin{bmatrix} r_{11} & r_{12} & \cdots & r_{1p} \\ r_{21} & r_{22} & \cdots & r_{2p} \\ \cdots & \cdots & \cdots & \cdots \\ r_{p1} & r_{p1} & \cdots & r_{pp} \end{bmatrix}$$

其中，$r_{ij} = \dfrac{s_{ij}}{\sqrt{s_{ii}}\sqrt{s_{jj}}}$。

显然，在原始变量 X_1，X_2，$\cdots$，X_n 标准化后，有 $S = R = \dfrac{1}{n} X'X$。

计算之前已经消除量纲的影响，完成了原始数据标准化，这样的 S 与 R 相同。因此，一般求的是 R 特征值和特征向量，并且可取 $R = X'X$。这时，R 与 $\dfrac{1}{n} X'X$ 只差一个系数，但它们的特征向量不变，这并不影响求主成分。

公共因子的线性组合系数构成载荷矩阵：

$$A = \begin{bmatrix} Y_{11}\sqrt{\lambda_1} & Y_{12}\sqrt{\lambda_2} & \cdots & Y_{1p}\sqrt{\lambda_p} \\ Y_{21}\sqrt{\lambda_1} & Y_{22}\sqrt{\lambda_2} & \cdots & Y_{2p}\sqrt{\lambda_p} \\ \cdots & \cdots & \cdots & \cdots \\ Y_{n1}\sqrt{\lambda_1} & Y_{n2}\sqrt{\lambda_2} & \cdots & Y_{np}\sqrt{\lambda_p} \end{bmatrix}$$

用 n 个公共因子表示原有 P 个变量，表示成矩阵形式，为：$X = AF + \alpha\varepsilon$。其中，$F$ 表示前 n 个公共因子；A 表示因子载荷矩阵；α 表示因子载荷；ε 表示特殊因子，表示原有变量不能被公共因子解释的那部分。

在解决实际问题时，一般不是取 n 个主成分，而是根据累计贡献率的大小取前 k 个。第一主成分的贡献率为 $\lambda_1 / \sum_{i=1}^{n} \lambda_i$，由于 $Var(F_1) = \lambda_1$，所以 $\lambda_1 / \sum_{i=1}^{n} \lambda_i = Var(F_1) / \sum_{i=1}^{n} Var(F_i)$，因此，第一主成分的贡献率就是第一个主成分的方差在全部方差中的比值。这个值越大，表明第一主成分综合 X_1，X_2，$\cdots$，X_n 信息的能力越强。前 k 个主成分的累计贡献率为 $\sum_{i=1}^{k} \lambda_i / \sum_{i=1}^{n} \lambda_i$，如果前 k 个主成分的贡献率达到85%以上，表明前 k 个主成分基本包含了全部测量指标所具有的信息。这样既减少了变量的个数，又便于对实际问题进行分析和研究。

最后，利用主成分 F_1，F_2，$\cdots$，F_k 做线性组合，并以每个主成分的方差贡献率作为权数 α，将前 k 个主成分得分乘以分别的方差贡献率，构造一个综合评价函数：$Y = a_1 F_1 + a_2 F_2 + \cdots + a_k F_k$。称 Y 为评估指数，依据对每个系统计算出的 Y 值大小进行排序或分类划级。

第三节　青岛市低碳城市建设评价

本书共选用深圳、苏州、杭州、宁波、西安、南京、厦门、青岛八个城市，用于低碳城市评价的横向比较。采用主成分分析法，进行综合评价，试图探索青岛市在低碳城市建设中处于的位置，找到差距，并分析导致差距存在的主要原因，为下一步低碳城市建设实践提供数据支撑和决策依据。

一 数据来源

参照深圳、西安、南京、苏州、杭州、宁波、厦门、青岛八个城市的 2010 年统计年鉴，收集了 2009 年低碳城市建设评价的基础数据，得到基础数据表。如表 4 - 2 所示。

表 4 - 2   2009 年国内典型城市低碳城市评价指标体系基础数据

一级指标	二级指标	单位	深圳	苏州	杭州	西安	宁波	南京	厦门	青岛
经济指标	人均地区生产总值	元	92772	122565	74761	32351	76012	55290	98150	57251
	第三产业占地区生产总值的比例	%	53.20	39.41	49.30	53.69	41.20	51.31	51.60	45.40
	高新技术产业产值占规模以上工业总产值比重	%	53.80	34.10	26.45	37.29	22.65	41.30	62.20	46.50
	工业增加值率	%	22.73	17.24	19.08	37.22	25.52	24.28	21.53	14.63
	R&D 投入占财政支出比例	%	3.60	18.06	2.60	4.41	1.33	2.45	1.98	2.10
	全社会研发活动人员总数	万人	26.4	7.5	13.8	9.1	6.7	4.3	3.2	2.9
	全员劳动生产率	万元/人	12.43	14.87	15.10	12.97	14.76	12.69	11.50	12.49
能源指标	万元地区生产总值能耗	吨标准煤/万元	0.53	0.88	0.70	1.22	0.57	1.12	0.58	0.78
	碳生产率	万元/吨	0.11	0.79	1.26	1.41	0.72	0.61	1.44	1.23
	能源消费弹性系数	—	0.53	-0.49	0.37	0.25	0.33	0.63	-6.28	0.59
	单位地区生产总值水耗	立方米/万元	18.30	14.15	3.89	13.41	13.84	25.71	16.95	6.90
	人均碳排放	吨/人	2.20	15.34	1.89	2.31	10.54	10.98	4.77	5.17

续表

一级 指标	二级指标	单位	深圳	苏州	杭州	西安	宁波	南京	厦门	青岛
环境 指标	市区空气质量优良率	%	97.29	90.14	97.16	83.29	93.60	86.30	98.63	91.20
	建成区绿地覆盖率	%	45.00	42.50	39.94	29.48	37.45	44.30	39.80	43.38
	工业废水排放达标率	%	96.30	97.03	96.21	97.59	97.12	95.50	99.45	99.88
	环保投资占 财政支出比重	%	2.85	3.15	1.99	1.87	1.12	2.29	2.04	1.63
	人均公共绿地面积	平方米	16.30	14.80	21.02	11.56	10.12	10.64	14.78	14.50

资料来源：由各市 2010 年统计年鉴整理计算得到。

二　数据处理

确定的修正指标体系中存在正向指标和逆向指标两种情况，指标性质不完全一致，其中万元地区生产总值能耗、碳生产率、能源消费弹性系数、人均碳排放四项指标为逆向指标，因此首先应当将数据标准化处理，得到无量纲化的基础数据，标准化方法如式（4-1）、式（4-2）所示，具体处理结果见表 4-3。

表 4-3　2009 年部分城市低碳城市评价指标体系标准化处理数据

二级指标	深圳	苏州	杭州	西安	宁波	南京	厦门	青岛
人均地区生产总值	0.6698	1.0000	0.4701	0.0000	0.4840	0.2543	0.7294	0.2760
第三产业占地区 生产总值的比例	0.9657	0.0000	0.6926	1.0000	0.1254	0.8333	0.8536	0.4195
高新技术产业产值占 规模以上工业 总产值比重	0.7876	0.2895	0.0961	0.3702	0.0000	0.4716	1.0000	0.6030
工业增加值率	0.3586	0.1155	0.1970	1.0000	0.4821	0.4272	0.3054	0.0000
R&D 投入占 财政支出比例	0.1357	1.0000	0.0759	0.1841	0.0000	0.0669	0.0389	0.0460
全社会研发 活动人员总数	1.0000	0.1957	0.4638	0.2638	0.1617	0.0596	0.0128	0.0000
全员劳动生产率	0.2583	0.9361	1.0000	0.4083	0.9056	0.3306	0.0000	0.2750

续表

二级指标	深圳	苏州	杭州	西安	宁波	南京	厦门	青岛
万元地区生产总值能耗	1.0000	0.4928	0.7536	0.0000	0.9420	0.1449	0.9275	0.6377
碳生产率	0.0000	0.5113	0.8647	0.9774	0.4586	0.3759	1.0000	0.8421
能源消费弹性系数	0.0145	0.1621	0.0376	0.0550	0.0434	0.0000	1.0000	0.0058
单位地区生产总值水耗	0.3396	0.5298	1.0000	0.5637	0.5440	0.0000	0.4015	0.8621
人均碳排放	0.9770	0.0000	1.0000	0.9688	0.3569	0.3242	0.7859	0.7561
市区空气质量优良率	0.9126	0.4465	0.9042	0.0000	0.6721	0.1962	1.0000	0.5156
建成区绿地覆盖率	1.0000	0.8389	0.6740	0.0000	0.5135	0.9549	0.6649	0.8956
工业废水排放达标率	0.1826	0.3493	0.1621	0.4772	0.3699	0.0000	0.9018	1.0000
环保投资占财政支出比重	0.8522	1.0000	0.4286	0.3695	0.0000	0.5764	0.4532	0.2512
人均公共绿地面积	0.5670	0.4294	1.0000	0.1321	0.0000	0.0477	0.4275	0.4018

三 结果分析

首先利用 SPSS 统计分析软件对标准化后数据进行处理，通过主成分分析的方法，可以确定八个城市经济指标、能源指标和环境指标共三个一级指标各提取因子的权重，确定权重后将无量纲化处理后的标准化数据按照权重的大小进行加权处理，可以得到一级指标指数的得分情况，并根据具体得分得出排名情况，采用主成分分析法，参照三个一级指标的处理方法，可以得到低碳城市建设评价的综合得分，称为综合指数得分，具体的一级指标得分、综合指标得分以及排名的详细情况如表 4－4 所示。

表 4－4　　　　部分城市综合评价一级指标及综合评价值

城市	经济指标	排名	能源指标	排名	环境指标	排名	综合评价值	总排名
深圳	0.223	2	0.644	3	0.727	3	0.449	3
苏州	0.498	1	0.308	7	0.513	5	0.341	5
杭州	0.189	3	0.700	2	0.790	1	0.563	1
西安	－0.107	8	0.333	6	0.121	8	0.208	7

续表

城市	经济指标	排名	能源指标	排名	环境指标	排名	综合评价值	总排名
宁波	0.138	4	0.537	5	0.397	6	0.306	6
南京	- 0.015	7	0.124	8	0.263	7	0.089	8
厦门	0.075	5	0.709	1	0.766	2	0.478	2
青岛	0.066	6	0.574	4	0.632	4	0.357	4

（一）经济指标评价

青岛是中国重要的工业品生产基地和轻纺工业城市，在城市经济结构中，2009 年三次产业的比例为 4.7∶50.1∶45.2，二次产业至今占较大比重。近年来，青岛市以高新技术为支撑的重化工业的快速发展，促进了青岛市工业产业结构的技术升级，现代服务业发展显著加快，先进制造业不断壮大，使轻重工业结构比发生了历史性的重大变化，2009 年轻重工业结构比由 2000 年的 69.2∶30.8 调整为 43.6∶56.4，轻纺工业比 2000 年下降了 25.6 个百分点，重化工业上升了 25.6 个百分点，这标志着青岛市基本适应了中国新一轮产业结构的调整。但是从经济指标的比较分析中可看出青岛市处于第六名较后的位次，离苏州、深圳、厦门、杭州等城市还有一定差距，在经济结构优化升级的过程中，从基础数据方面来看，在人均地区生产总值、第三产业占地区生产总值的比例、高新技术产业产值占规模以上工业总产值比重、工业增加值率、R&D 投入占财政支出比例、全社会研发活动人员总数、全员劳动生产率七项指标中，数据较差的是人均地区生产总值、R&D 投入占财政支出比例、全社会研发活动人员总数和全员劳动生产率，低于其他城市的平均水平，这也是下一步需要重点加强的关键之处，需利用先进适用的高新技术改造传统优势产业，加快转变经济发展方式，调整优化产业结构，依靠科技引领、创新驱动促进经济增长，推动服务业跨越式发展，培育壮大战略新兴产业，整体提升制造业核心竞争力，构建以现代服务业为主体，先进制造业为支撑的现代产业体系。

（二）能源指标评价

资源产出效率指标中涵盖了能源、土地、水源、人力等多项资源，在资源短缺的约束条件下，增强要素支撑能力，提高资源产出效率，显得尤为重要。从能源指标的比较情况可知，厦门最高，达到0.709，排名第二的是杭州，其次是深圳，青岛市的排名较经济指标排名而言，名次有所上升，排名第四，位于中间位置。从基础数据中的单个指标来看，指标中共包含万元地区生产总值能耗、碳生产率、能源消费弹性系数、单位地区生产总值水耗和人均碳排放五项指标，除碳生产率外，其余四项指标处于中等位置，这说明青岛市在能源利用效率上总体落后于厦门、杭州和深圳。

（三）环境指标评价

在环境指标评价值中青岛市同样排在第四的位置，在市区空气质量优良率、建成区绿地覆盖率、工业废水排放达标率、环保投资占财政支出比重、人均公共绿地面积五项指标中，环保投资占财政支出比重总体低于其他城市，造成生态环境指标指数低于杭州、厦门和深圳。因此，未来要建成绿色生态城区，形成更好的青山绿水碧海蓝天宜居环境，还需要在原有基础上做出更进一步的努力，使生态布局不断优化，环境质量进一步改善。

（四）低碳城市建设综合评价的比较分析

由表4-4可知综合指数排名第一的为杭州，综合指数为0.563，其次为厦门综合指数得分为0.478，第三名为深圳综合指数得分为0.449，第四名为青岛综合指数得分为0.357，其余的排序依次是苏州、宁波、西安和南京。也就是说，青岛市的低碳城市建设在这八个城市中处于中间位次。相对于国内先进城市，青岛市未来还有很大的提升空间。

第五章　青岛市节能减排政策评价及低碳发展中存在的问题

第一节　节能减排政策的功能和构成

一　节能减排政策概述

传统的经济增长方式对资源环境带来巨大压力，导致生态环境日益恶化。在资源环境条件日益受到约束的条件下，我国政府提出发展低碳经济，建设环境友好型和资源节约型社会。要实现这一战略目标，不仅要有节能减排的意识，更要有节能减排的具体政策、法规体系作为支撑。

能源、矿产等资源的稀缺性及其生产与消费的环境外部性问题导致了节能减排政策的产生。庇古（Pigou）将外部性看作一种社会成本，认为企业经营过程中的社会成本与私人成本是有区别的。达门（Dahmen，1974）认为，分散的经济活动导致外部性出现。1920 年，庇古在《福利经济学》一书中首先提出根据污染所造成的危害对排污者征收税或费的办法。他指出，可以通过税收来弥补社会成本和私人成本之间的差距，使二者相等。这种税被称为"庇古税"（Pigovian Taxes），通过对排污者征税的方式来抑制污染。科斯（1960）在《社会成本问题》中指出，如果将外部性明确为一种财产权，当谈判费用较小时，则可以通过当事人之间的资源交易将实现外部性问题的内部化。1972 年经合组织环境委员会首次提出了"污染（使用）者付费原则"促使外部成本内部化。戴尔斯在 1968 年首先提出了排污权交易的理论方法，美国于 1976 年将其制度化，开始实施排放许可证（TEPs）制度。1987 年世界环境与发展委员会（WCED）发布《我们共同的未来》，提出保证经济增长、提升增长质量、强化资源基础保护、综合利用经济学和环境科学进行决策；在能源和资源消费中，提倡采用包括环境和资源成本在内的全部成本的定价政策，利用经济手段促进工业可持续发展，以实现与可持续理念吻合的经济、环境政策目标。1994 年，经合组织系统总结概括了节能减排的政策工具，既包括直接管制即"命令—控制"式的经济手段或市场机制，也包括舆论宣传、培训、教育等劝说式手段，还包括社会压力、协商和其他形式的"道德说教"。伯特尼（2004）归纳了可供选择的环境管制方法和手段，包括行政干预、集权管制、法律、分散管制和激励等。国内的研究则涉及节能减排政策目标、演进、手段、机制特点等方面。曲格平（1999）总结了一体化的经济与环境决策、市场经济手段的应用扩大、公众参与度提高、鼓励企业与公民主动行动、政府和企业构建伙伴关系等节能减排政策的新趋势。宋国君等（2008）在《环境政策分析》一书中将环境政策一般模式概括为利益相关者的责任机制、政策目标、框架、手段、决策机制、管理机制、政策评估、建议等要素。莫神星（2008）研究了我国节能减排长效机制、法律与制度，从理念节能、技术节能、管理节能、制度创新节能等方面提出构建政府决策调控、市场激励与制约、社会参与的综合机制。张坤民（2007）等梳理了我国环境政策的形成与演变，将其概括为运用命令—控制手段、推动筹集环保资金、明确环保责任、鼓励防治结合等。

二　节能减排政策的主要功能

（一）资源调节功能

价格政策有助于调节和优化资源环境产品配置。环境保护具有明显的公共产品属性，并呈现显著的外部性特征，这使得环保领域出现大量市场失灵现象，必须借助节能减排政策来承担或部分承担优化配置环保资源、提供环保公共产品的重要职能。改变传统的环境资源产品的定价方法，充分运用市场价格调节资源配置和影响生态环境的经济行为，促进资源节约和环境保护，提高环境资源利用效率。

（二）行为引导功能

现有政策体系下，资源税、消费税、企业所得税、城市维护建设税、排污收费等与节能环保有关的税收和费用手段对环境保护和节能减排可以起到积极的引导作用，且可以贯穿于生产和消费行为的全过程。虽然以上这些税费并不是真正意义上的环境税，但是通过调整税率、优惠减免等方式会对节能减排和环境保护起到正向的激励作用和引导作用。随着环保税、资源税等税种的落地，其对节能减排的引导功能在逐步增强。

（三）资金保障功能

节能减排、环境保护的很大一部分资金来源于政府财政投入。财政投入非常有助于引导企业和社会资金投入节能减排、环境保护领域，尤其是末端治理环节。随着财政预算制度和绩效评价制度的不断完善，节能减排财政投入强度不断增加，政府公共财政资金保障功能在节能减排中越发明显和有效。

三 节能减排政策的构成

我国的节能减排政策工具可以归纳为：一般性、特殊性、间接性引导工具等。其框架如图 5 - 1 所示。

（一）一般性政策工具

一般性政策工具主要包括税收、金融、价格、财政等政策。其中，税收政策包括税收征收和税收减免，比如征收排污税、能源税、资源税，减免节能减排技术、设备及产品研发等商业活动的税收等；价格政策包括以完全成本为基础的定价和以节能减排为目的的限价；财政政策工具包括政府购买性支出和转移性支出；金融政策包括对节能减排项目的优惠贷款和对排污、耗能项目的限贷与惩罚性高利率，以企业发生污染事故对第三者造成损害依法应承担的赔偿责任为标的的保险，对符合节能减排要求的企业发行证券或再融资的优惠，以及对节能减排项目的绿色基金资助等。

（二）特殊性政策工具

特殊性政策工具包括直接性和选择性控制，是在特殊阶段或为促进一般性工具的有效使用时而采取的政策措施。直接性控制包括环境影响评价、区域（流域）限制、家用电器能效标识等传统的行政控制手段，具有直接性、法规性、强制性、见效快等特点。而选择性控制则采用多方位、多形式的社会自我选择的监督方式，是针对节能减排活动的多样化参与者实施有针对性的节能减排措施，具有主动性、监督性、自律性特征。常用的选择性控制的手段包括信息公开、舆论监督、行业协会自律等。

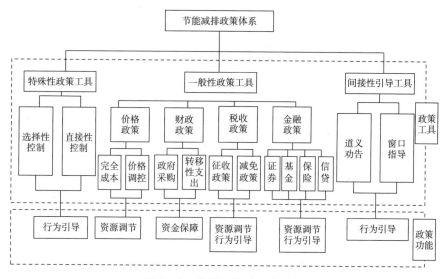

图 5-1　节能减排的政策框架

（三）间接性引导工具

以道义劝告或窗口指导等方式为主要形式的间接性引导工具是一种非强制性、温和的政策工具。它在促进节能环保产品的生产和消费中具有告示、引导、志愿、合作等特点。我国的节能减排政策工具正经历一个从特殊性到一般性，由直接性到间接引导性、选择性发展的过程，将形成一个以一般性政策工具为主、其他工具为辅的体系。

第二节　青岛市节能减排政策现状

一　财政政策

从 2000 年开始，青岛市便设立了节能与环保专项资金。2010 年青岛市政府安排 1.6 亿元来支持节能减排，其中 9600 万元用于公共建筑节能改造等。青岛市先后出台了《青岛市节能技术改造财政奖励资金管理暂行办法》《青岛市节能奖励办法》《青岛市高效照明产品推广财政补贴管理暂行办法》等一系列奖惩分明的政策措施，并设立了专项资金，用于扶持和奖励节能工程项目和循环经济项目建设，确保了"十一五"节能减排目标的全面完成。

2005 年中共青岛市委、青岛市人民政府在《关于做好建设节约型社会重点工作的通知》中提出建设节约型机关，实施机关建筑物和用能系统节能改造，并按照《节能产品政府采购实施意见》（财库〔2004〕185 号）的要求，优先采购节能（节水）产品。青岛市政府各有关部门不仅加大了节能产品的政府采购实施力度，而且扩大了政府采购范围和规模。通过各级政府部门把好采购关，优先采购列入《节能产品政府采购清单》的达到较高能效标准的节能产品，禁止采购国家明令淘汰的产品和设备。

2008 年青岛市实施了《青岛市节能奖励办法》，设立节能奖。节能奖分为特别奖和优秀奖 2 个类别、6 个奖项。对于当年实现社会节能量在 3 千吨标准煤以上的科研机构或节能技术服务单位最高给予 20 万元的奖励，其中当年实现社会节能量在 1 万吨标准煤以上的机构或单位推荐申请国家的奖励。

二　税收政策

2008 年，青岛市地税局在《关于进一步发挥税收职能作用促进我市经济平稳较快增长的实施意见》（青地税发〔2008〕202 号）中对节能减排税收优惠政策作了较为详细的规定，指出"企业从事符合条件的环境保护、节能节水项目的所得，自项目取得第一笔生产经营收入所属纳税年度起，第一年至第三年免征企业所得税，第四年至第六年减半征收企业所得税。企业购置并实际使用《环境保护专用设备企业所得税优惠目录》《节能节水专用设备企业所得税优惠目录》和《安全生产专用设备企业所得税优惠目录》规定的环境保护、节能节水、安全生产等专用设备的，该专用设备的投资额的10%可以从企业当年的应纳税额中抵免；当年不足抵免的，可以在以后5个纳税年度结转抵免。享受前款规定的企业所得税优惠的企业，应当实际购置并自身实际投入使用前款规定的专用设备"。

2009年，青岛市根据《企业所得税法实施条例》有关规定，专门下发文件，对购置使用列入2008年版《节能节水专用设备所得税优惠目录》和《环境保护专用设备所得税优惠目录》的专用设备，按照投资额的10%减免企业所得税。

三　价格政策

2007年，青岛市人民政府发布《青岛市节能减排综合性工作实施方案》，对电力价格、水资源价格、排污费、污水处理费、垃圾处理费等政策作了明确规定，提出完善电力谷峰分时电价办法，降低小火电价格，实施有利于烟气脱硫的电价政策。鼓励可再生能源发电以及利用余热余压、城市垃圾发电，实行相应的电价政策；合理调整原水和各类用水价格，加快推行阶梯式水价、超计划超定额用水加价制度，对国家产业政策明确的限制类、淘汰类高耗水企业实施惩罚性水价，制定支持再生水、海水淡化水、雨水开发利用的价格政策，加大水资源费征收力度；提高排污单位排污费征收标准，将二氧化硫排污费由目前的每千克0.63元分三年提高到每千克1.26元，适当提高COD排污费标准；加强排污费征收管理，杜绝"协议收费"和"定额收费"；全面开征城市污水处理费并提高收费标准，吨水平均收费标准原则上不低于0.8元；提高垃圾处理收费标准，改进征收方式。

同年12月，青岛市制定出台了《青岛市超标准耗能加价管理暂行办法》，运用价格手段对超标准耗能行为进行限制，对超标准用能单位实行加价收费，并将征收超标准耗能加价费全额上缴市财政，作为市政府节能专项资金用于支持节能技术产品的研发、节能技术改造和节能奖励。

四　地方节能减排法规

早在1988年，青岛市便出台了《青岛市乡镇、街道企业环境保护管理暂行办法》，从基层管理着手实施环境保护和减排工作。1993年，青岛市又在全国率先出台了《青岛市资源节约条例》《青岛市资源综合利用若干规定》等地方法规，并相继制定了《青岛市炉渣和粉煤灰综合利用管理办法》《青岛市能源管理师管理试行办法》等配套规章和政策。2002年《青岛市生活饮用水源环境保护条例》发布，使水源保护有法可依。

2007年青岛市出台实施了《青岛市建设项目合理用能审核办法》，在全国率先推行固定资产投资节能评估与审查制度，建立节能降耗政策法规体系，完善区、市节能责任目标考核指标体系，实行行政首长负责制和"一票否决"制。累计争取资金1.35亿元用于扶持重点节能项目，在全国率先完成铬渣安全处置，解决钢渣、白泥资源化利用难题。抓好小火电机组关停工作，提前实现关停7万千瓦的目标。

2007年11月青岛市颁布了《青岛市机动车排气污染防治条例》，并于2008年3月1日起施行。该条例的出台，是青岛市机动车排气污染防治工作的一个里程碑，青岛市由此成为全山东省第一个立法防治机动车排气污染的城市，也是继深圳之后全国第二个立法的城市。青岛市机动车排气污染防治工作由此驶入了法制化、规范化的轨道。

2009年9月，青岛市《青岛市民用建筑节能条例》出台。它是国家《民用建筑节能条例》颁布后首个地方建筑节能地方性条例。条例中不仅涉及新建民用建筑节能，还涉及既有民用建筑节能改造；不仅包括民用建筑用能系统运行节能管理，还包括民用建筑节能的计量、监督、检查与考核奖惩。此外，条例对可再生能源利用还做了专门规定。

2009年12月青岛市第十四届人民代表大会常务委员会第十四

次会议通过了《青岛市海洋环境保护规定》，详细规定了海洋环境规划、监督管理、生态保护、法律责任等，对胶州湾保护做了特别规定。

五　间接性引导政策

全国节能宣传周活动是在 1990 年国务院第六次节能办公会议上确定的。从 1991 年开始，全国节能宣传周活动每年举办。

青岛市政府对节能宣传周活动十分重视，每年根据《全国节能宣传周活动安排意见的通知》的安排，结合本地区实际，围绕活动主题，设计活动内容，制定出详细的方案。2011 年 6 月 11—17 日开展的青岛市公共机构节能宣传周活动，以"节能低碳新生活，公共机构做表率"为主题，包括低碳体验、节能环保宣传、召开青岛市公共机构节能工作会议、青岛市公共机构节能宣传标识评选表彰、公共机构"节水型单位"评选、节能产品推介会等活动。

青岛市出台的节能减排政策如表 5-1 所示。

表 5-1　　　　　　　　　　青岛市节能减排政策

制定时间	政策名称	部门	备注
1988 年 12 月	青岛市乡镇、街道企业环境保护管理暂行办法	青岛市人民政府	
1998 年 8 月	青岛市能源管理师管理试行办法	青岛市人民政府	因无上位法，已废止
1998 年 8 月	青岛市炉渣和粉煤灰综合利用管理办法	青岛市人民政府	适应当时情况的规定，已失效
2002 年 8 月	青岛市生活饮用水源环境保护条例	青岛市人大常委会	
2003 年 10 月	青岛市清洁生产企业验收办法（试行）	青岛市经济委员会	
2004 年 5 月	青岛市环境噪声管理规定	青岛市人大常委会	
2004 年 5 月	青岛市资源节约条例	青岛市人大常委会	第二次修正

续表

制定时间	政策名称	部门	备注
2004 年 10 月	转发市发改委等部门关于全面推行清洁生产的意见的通知	青岛市人民政府办公厅	青政办发〔2004〕80 号
2005 年 7 月	关于做好建设节约型社会重点工作的通知	中共青岛市委、青岛市人民政府	
2006 年 4 月	关于印发《废旧家电及电子产品回收处理试点暂行办法》的通知	青岛市发展改革委等	青发改环资〔2006〕150 号
2006 年 7 月	关于加强报废汽车回收管理的通知	青岛市发展改革委、青岛市监察局	青发改环资〔2006〕279 号
2006 年 8 月	关于印发《青岛市发展循环经济近期重点工作责任分工》的通知	青岛市人民政府办公厅	青政办发〔2006〕76 号
2006 年 9 月	关于进一步加强节能降耗工作的意见	青岛市人民政府	青政发〔2006〕34
2006 年 9 月	关于加强节能降耗目标责任考核管理的通知	青岛市人民政府办公厅	青政办发〔2006〕75 号
2007 年 4 月	青岛市人民代表大会常务委员会关于进一步加强节约能源工作的决定	青岛市人民代表大会常务委员会	
2007 年 5 月	青岛市节约型社会建设专项资金使用管理暂行办法	青岛市财政局、青岛市经济贸易委员会	青财企一〔2007〕24 号
2007 年 7 月	关于实施《青岛市建设项目合理用能审核暂行办法》的通知	青岛市发展和改革委员会、青岛市建设委员会	青发改环资〔2007〕317 号
2007 年 7 月	关于印发《青岛市节约型社会重点项目评审意见（暂行）》的通知	青岛市经济贸易委员会	青节约联〔2007〕5 号
2007 年 8 月	关于印发青岛市节能减排综合性工作实施方案的通知	青岛市人民政府	青政发〔2007〕17 号

续表

制定时间	政策名称	部门	备注
2007 年 10 月	青岛市机动车排气污染防治条例	青岛市人大常委会	
2007 年 12 月	青岛市超标准耗能加价管理暂行办法	青岛市人民政府办公厅	青政办字〔2007〕141 号
2008 年 2 月	关于印发青岛市节能奖励办法的通知	青岛市人民政府办公厅	青政办发〔2008〕7 号
2008 年 5 月	关于印发《青岛市节能技术改造财政奖励资金管理暂行办法》的通知	青岛市财政局、青岛市发展改革委	青财基〔2008〕25 号
2008 年 6 月	青岛市高效照明产品推广财政补贴管理暂行办法	青岛市财政局、青岛市发展改革委	
2009 年 2 月	关于批准实施循环经济试点工作实施方案的通知	青岛市发展改革委、青岛市环保局	青发改环资〔2009〕66 号
2009 年 8 月	中共青岛市委、青岛市人民政府关于进一步加强环境与发展综合决策的意见	中共青岛市委、青岛市人民政府	青发〔2009〕14 号
2009 年 9 月	青岛市民用建筑节能条例	青岛市人大常委会	
2009 年 9 月	关于建立健全青岛市生态补偿机制的意见	青岛市人民政府办公厅	青政办字〔2009〕126 号
2009 年 12 月	青岛市海洋环境保护规定	青岛市人大常委会	
2010 年 5 月	关于 2010 年促进自愿清洁生产工作的意见	青岛市经济和信息化委员会	青经信发〔2010〕4 号
2011 年 1 月	关于切实强化措施扎实做好 2011 年节能减排工作的通知	青岛市人民政府	青政发明电〔2011〕1 号
2011 年 5 月	关于印发《青岛市清洁生产专项资金使用管理办法》的通知	青岛市财政局、青岛市经济和信息化委员会	青财企〔2011〕0059 号

资料来源：笔者调查整理。

第三节　青岛市节能减排政策评价

一　经济效益

2004—2007 年是青岛市节能减排政策集中出台的时期，其效果在"十一五"期间逐步显现。

在宏观经济效益方面，"十一五"期间，青岛市单位能耗的增加值产出有了比较明显的提高。单位标准煤消耗的地区生产总值从 2005 年的 1.01 万元/吨标准煤上升到 2009 年的 1.25 万元/吨标准煤，增长了 23.75%。单位用电地区生产总值从 2005 年的 1.01 元/千瓦时，上升到 2009 年的 1.25 元/千瓦时，增长了 26.40%。

2009 年青岛市第一产业每千克标准煤增加值（可比价）31.87 元；第二产业每千克标准煤增加值（可比价）11.11 元；第三产业每千克标准煤增加值（可比价）18.63 元。

青岛市"十一五"单位能耗的增加值产出情况见表 5－2。

表 5－2　　　青岛市"十一五"单位能耗的增加值产出情况

年份	每吨标准煤地区生产总值（万元/吨标准煤）	规模以上企业每吨标准煤的工业增加值（万元/吨标准煤）	每千瓦时地区生产总值（元/千瓦时）
2005	1.01	0.72	13.87
2006	1.05	0.78	14.39
2007	1.11	0.85	15.14
2008	1.18	0.93	16.21
2009	1.25	1.00	17.53
2010*	1.33	—	—
2009 年比 2005 年	123.75%	138.00%	126.40%

注：*表示 2010 年数据为预测值。

资料来源：根据《青岛市能源利用状况报告》（2005—2009）整理。

在微观经济效益方面，通过实施清洁生产，企业效益也明显增加。以 2010 年为例，72 家企业通过全员参与清洁生产机会识别，组织实施无/低费方案 1509 个，中/高费方案 202 个，实际完成投资额 36434 万元。清洁生产方案实施后，共产生年经济效益 17725 万元，投入产出比为 0.5（见表 5 – 3）。2010 年年末，青岛市财政安排资金 1000 万元，在 2011 年度支持 24 个清洁生产中/高费项目。这些财政投入拉动了企业投资 47263 万元，项目完成后可带来利润 26085 万元，税收 8140 万元。可以看出，政府的财政资金起到了"四两拨千斤"的作用。

表 5 – 3　　　　　　　　青岛市企业清洁生产投入产出比

项目	2009 年	2010 年
万元投入产出比	0.8	0.5

资料来源：青岛市经信委。

节能减排政策的实施也使企业经营得到改善。企业通过建立持续清洁生产运行机制，实现了生产运行的组织目标由单纯追求经济效益向追求经济效益和环境效益统一的方向转变和由粗放经营向精细化的集约经营方向转变。越来越多的企业走上结构布局生态化、资源利用循环化、污染排放无害化、生产过程集约化、经济效益和环境效益统一化的清洁发展模式。

二　节能效益

伴随着单位地区生产总值能耗的下降，青岛市节能工作取得了较好的成绩。以 2005 年单位地区生产总值能耗为基期，2006—2009 年青岛市全社会实际节能量累计达到 1421.50 万吨标准煤，2006—2010 年青岛市全社会节能量预计将达到 2375.28 万吨标准煤；如果以上一年单位地区生产总值能耗为基期，2006—2009 年青岛市全社会累计节能量为 735.61 万吨标准煤，2006—2010 年青岛市全社会节能量预计将达到 874.63 万吨标准煤（见表 5 –4）。

表5-4　　　　　　青岛市"十一五"期间全社会节能量　单位：万吨标准煤

年份	全社会节能量（以上年为基期）	全社会节能量（以2005年为基期）
2005	—	—
2006	124.76	31.19
2007	180.91	217.09
2008	202.61	445.75
2009	227.33	727.47
2010	139.02	953.78
合计	874.63	2375.28

注：①节能量均按照2005年可比价格计算。

②全社会节能量＝（基期单位地区生产总值能源消费量－报告期单位地区生产总值能源消费量）×报告期地区生产总值。

③2010年节能量为估计值。

节能效益的取得离不开企业的行动。在政策激励下，青岛市企业通过清洁生产实现了节能减排。以2010年为例，72家企业通过实施清洁生产方案取得了显著的节能收益，年节约水192万吨、电2198万千瓦时、标准煤43841吨，对青岛市节能贡献率超过了2%（见表5-5）。

表5-5　　　　　青岛市企业清洁生产节能效益

项目		2009年	2010年
万元投入节约量	节电（千瓦时/万元）	431	889
	节水（吨/万元）	48.7	78.6
	节标准煤（吨标准煤/万元）	0.54	1.4
对全市节能减排贡献率	单位地区生产总值节能贡献率（%）	2.2	2.0

资料来源：青岛市经信委。

2011年青岛市财政投入重点支持24个示范项目完成后，年节约标准煤约2万吨、水约270万吨、电约400万千瓦时。

节能减排政策还推动了对可再生能源的开发利用。由青岛华威风力发电有限公司投资兴建的风力发电设备在两年多的时间内已输送了约 6000 万千瓦时的电能，按照青岛市电力发电煤耗测算，相当于节约 1.33 万吨标准煤。太阳能利用方面，投资建设了 100 万套海尔中高档分体式太阳能热水器生产项目、供能面积达 2.24 万平方米的奥运场馆太阳能示范项目等。海洋能利用方面，在青岛奥帆赛场馆新闻中心建设了可供 8138 平方米面积制冷供热的海水源空调系统，在奥帆赛期间运行良好，成为全国首套在已建成的公共建筑中应用的海水源热泵系统。

三　环境效益

节能减排政策的实施，保证了青岛市环境质量稳定。"十一五"期间，青岛市区空气质量稳定达到国家二级标准，各类环境空气质量功能区全面达标。全市主要河流功能区水质达标率提高 5.5 个百分点，主要污染物化学需氧量和氨氮年均浓度分别下降了 19.4% 和 35.7%。

2006—2010 年，青岛市地区生产总值从 3206.58 亿元跃升至 5666.19 亿元，万元地区生产总值的化学需氧量和二氧化硫的排放强度分别从 2006 年的 17.0 千克和 45.40 千克，降至 2010 年的 8.23 千克和 19.9 千克。"十一五"期间，青岛市化学需氧量和二氧化硫两项主要污染物累计削减 1.13 万吨、4.26 万吨，削减率为 19.52% 和 27.41%，超额完成了山东省政府下达的减排 18% 和 26.32% 的任务。经济快速增长的同时，污染物排放强度大幅下降，实现了经济社会与环境保护的协调发展。

青岛市"十一五"环保规划主要指标完成情况如表 5 - 6 所示。

表 5 - 6　　青岛市"十一五"环保规划主要指标完成情况

指标	单位	"十一五"规划 2010 年指标值	2010 年 实际值
市区及各县级市空气质量达到二级标准的天数	天	≥330	331
地表水环境质量功能区达标率	%	≥80	77.4

续表

指标	单位	"十一五"规划 2010 年指标值	2010 年 实际值
集中式饮用水源地水质达标率	%	100	100
近岸海域水环境功能区达标率	%	100	87.5
全市化学需氧量排放总量	万吨	≤4.75	4.66
全市二氧化硫排放总量	万吨	≤11.45	11.28
工业用水重复利用率	%	≥85	81.35
城市生活垃圾无害化处理率	%	100	100
工业废物综合利用率	%	≥98	98.6

资料来源：根据《青岛统计年鉴 2011》和《青岛市"十一五"生态建设和环境保护规划》整理。

四 社会效益

节能减排政策的实施同样取得了很好的社会效益。环境质量的改善保障了市民的生活环境。城乡生态环境明显改善，城市综合竞争力明显增强。"十一五"期间，青岛市荣获全国文明城市、国家环保模范城市、全国绿化模范城市、国家园林城市等荣誉称号。在由中国城市竞争力研究会、香港浸会大学当代中国研究所共同发布的 2011 年中国十佳宜居城市排行榜中，青岛市位居榜首，便是很好的一个例证。

此外，节能减排政策的引导性提高了青岛市居民低碳节能生活的意识。诸如节能周、节能减排家庭社区行动等活动的开展，使广大人民群众充分了解到节能减排与和谐社会建设及可持续发展的关系，认识到自己在节能减排、低碳生活行动中的重要责任和特殊使命，主动参与节能减排行动，取得了小家带动大家、家庭带动社会、人人参与活动的效果。

第四节 青岛市低碳发展中存在的问题

一 城市能源消费高碳特征明显

能源资源条件决定了我国以煤为主的能源生产与消费结构。而这种以煤炭为主的能源消费结构难以在短期内彻底改变，青岛市也不例外。2009 年青岛市煤炭①消费量 2624.2 万吨，比 2005 年增长 30.5%，其中加工转换消耗 1369.6 万吨，终端消耗 1254.6 万吨；石油②消费量 1119.3 万吨，比 2005 年增长 61.2%，其中加工转换消耗 114.7 万吨③，终端消耗 1004.6 万吨；天然气消费量 2.6 亿立方米④，是 2005 年的 3.4 倍；净调入电量 93.9 亿千瓦时⑤。

"十一五"期间，青岛市一次能源消费量中，煤炭和石油消费占有绝对比重，特别是煤炭几乎占据"半壁江山"。2009 年煤炭消耗占社会综合能耗总量的 51.7%，比 2005 年下降 4.5 个百分点；石油占 44.1%，比 2005 年上升 5.3 个百分点；天然气占 1.0%，比 2005 年上升 0.6 个百分点；输入电力占 3.2%，比 2005 年下降 1.4 个百分点（见表 5-7）；可再生能源占 0.4%，比 2005 年上升 0.4 个百分点。尽管近几年煤炭消费的比重在下降，但消费量的绝对值却在不断增加，而煤炭的利用效率比石油和天然气低 20%—30%。

终端煤炭消费比重在"十一五"期间变化不大，而且总量同样呈上升趋势（见表 5-8）。煤炭终端消费环节的污染治理相对于加工转换环节难度更大，所以高居不下的终端消费量给节能减排造成的压力远高于加工转换环节。

表 5-7　　　　　2005 年与 2009 年青岛市输入能源消费结构　　　单位:%

年份	煤炭	石油	天然气	输入电力
2005	56.2	38.8	0.4	4.6
2009	51.7	44.1	1.0	3.2

资料来源：根据《青岛市"十二五"能源建设发展规划》数据测算。

---

① 包括原煤、洗精煤、其他洗煤、煤制品和焦炭。
② 包括原油、汽油、煤油、柴油、燃料油和其他石油制品。
③ 大炼油投入原油 1064.9 万吨，产出 950.2 万吨油品，基本用于青岛市消耗。
④ 数据来源于《青岛市 2009 年统计公报》。
⑤ 数据来源于《青岛市"十二五"能源建设发展规划》。

表 5 – 8 　　　　　　　　　终端能源消费品种及构成　　　单位：万吨标准煤、%

年份		煤炭、焦炭	油品	气体燃料	热力	电力	其他能源	合计
2009	消费量	875.43	1447.39	192.55	352.16	210.08	3.24	3080.85
	比重	28.42	46.98	6.25	11.43	6.82	0.11	100.00
2005	消费量	693.25	1117.37	135.56	274.04	145.98	7.69	2373.89
	比重	29.20	47.07	5.71	11.54	6.15	0.32	100.00

　　资料来源：根据《青岛市能源利用状况报告 2005》和《青岛市能源利用状况报告 2009》整理。

二　低碳技术创新和推广力度不足

　　低碳技术创新与推广是实现节能减排、发展低碳经济的关键环节之一。在这方面，青岛市面临低碳技术创新能力不足、国际先进低碳技术难以获得且引进成本高昂、低碳技术成果难以转化推广等问题。近年来，青岛市开发和推广了一批节能减排新技术、新工艺和新设备，节能技术水平有了很大提高。但从总体上看，技术的创新能力仍旧非常薄弱。青岛市本地的科研院所、高等院校中专门从事节能减排技术研究的部门较少，研究力量薄弱，节能减排技术积累满足不了实际需求。另外，很多依托技术起家的节能减排企业，创业之初产品、技术在行业内处于优势地位，但是由于缺乏长远规划，存在"小富即安"的思想，同时受到资金因素的制约，往往忽略企业的再创新能力，在研发投入的持续性上明显不足。

　　目前青岛市大部分企业对投资较少、节能效果明显的改造工程已经基本实施完毕，通过简单节能技术改造降低能耗的空间已非常有限。在低碳技术领域技术储备不足，创新能力薄弱，先进适用的节能技术特别是一些具有重大带动作用的关键技术开发不够，给未来青岛市低碳经济发展和节能减排工作的深入增加了难度。

　　中小企业的低碳技术创新与推广也是一个难点。规模较小、盈利水平较低的中小企业，一般无力建立节能减排技术研发机构。即使有好的节能减排技术，但受融资、技改、人才等方面条件的制约，很难得到快速的推广应用。

　　许多先进适用的低碳节能技术投资风险较高，经济效益较差，企业主动采用的动力不足，使这些低碳节能技术很难依靠企业来实现广泛的应用。而企业间有关低碳节能技术信息交流不通畅，也在一定程度上阻碍了这些技术的推广与应用。比如，废弃物的资源化开发利用之类的减排技术在不同企业之间跨产业应用效果更好，但是由于信息交流不畅，其应用往往局限在某一个企业内部。

三　缺乏完善的节能减排统计监测考核体系

　　定量分析和测算经济发展中的碳排放，是全球气候变化研究领域重要的基础工作之一。化石燃料燃烧在整个 21 世纪仍将是大气中 CO_2 排放增量的主要因素。目前，基于全国能源统计数据的省级碳排放计算研究已经较为常见，省一级的节能减排统计监测考核制度也基本建立起来。这一类宏观研究和相关制度建设为我们把握局势、分析碳排放结构提供了依据，但是难以实际解决区域或者城市温室气体减排策略的问题。全国各城市尚没有细化本地区温室气体排放核算和模拟方法，而这恰恰是地方层面低碳社会试点工作的前提条件，更是今后从中央到地方各个层面温室气体排放源统计、普查、核算工作的必要基础。青岛市在这一领域的工作也十分薄弱。

　　首先，青岛市尚无温室气体排放统计监测体系。也就是说，青岛市无法将现有的区域经济—环境系统的物质流与本地区水、能源、行业发展、消费结构等相关统计数据结合得出青岛市温室气体排放清单。搞不清低碳城市建设的"家底"，也就难以制定针对性强、可操作性好、可考核性高的温室气体减排方案。

　　其次，随着节能减排工作的推进，青岛市环境统计、环境监测和目标责任考核三大体系能力薄弱的问题也逐渐暴露出来。由于"三大体系"建设刚刚启动，还受到建设条件和地方配套资金的影响，环境统计、监测和考核基础薄弱的状况短时间内还难以改变，运行经费保障还没有进一步落实。总量控制作为削减污染物排放量、改善环境质量的重要制度，其配套的实施体系，从总量基数的核定、总量控制目标的制定、总量的优化分解到总量控制的效果评估，都还缺乏完善规范的办法。

再次，当前青岛市污染源自动监测刚刚起步，污染源排污状况不清，工业点源、生活排放、城市排放、农村排放都缺乏细致系统的基础数据资料，实施污染减排的数据基础不牢。由于政府部门没有完善的追踪监管体系，对于政府颁布的法令，公布的条例、法规等，企业是否执行，执行情况又如何，没有监管机构进行追踪监督，节能减排成了企业单方面的自觉行为，如此就造成了"有法不依，执法不严"等现象的出现，导致节能减排的工作成效出现反复。

最后，统计数据不完整，真实性和可靠性均无法完全保证，还导致了政府的考核指标和考核体系很难确定，考核也就无从下手。

四　节能减排技术服务体系不健全

节能减排的服务包括节能方案的咨询、中介服务、融资服务、规划设计一直到施工管理的系统集成与增值服务、能源监测、能源审计、节能系统运营维护等多个方面。

节能减排产业的发展离不开诸如节能减排技术的研究开发与应用、技术引进与技术改造、国内外技术的发展动向、市场需求和发展潜力等大量的信息。而这些信息的获得大多依赖与之有关的中介服务体系。但是，青岛市尚未建立涵盖节能技术咨询、审计、诊断、设计、改造以及运营管理等多层次、多渠道的服务体系。现有的社会节能减排服务中介机构和支撑服务体系还很薄弱，即使企业有意识、有资金去实施节能减排，但是往往因为没有相关信息服务以及后续的技术支持、融资服务，推迟或取消了计划。这在一定程度上也挫伤了一部分企业的投资热情。

已有的各类节能服务中介机构水平参差不齐，尽管少数机构已经获得国家认定，但是大多数节能服务机构还较弱小，技术与资金实力不足，尚未进入良性运作阶段，并显现竞争混乱的迹象。节能服务资金的来源渠道较单一，商业银行没有介入，没有充分发挥中介服务机构在合同能源管理活动中的作用。

青岛市节能服务体系与先进地区的差距主要表现在：一是组织体系小而散，知名机构不多，本地机构实力不强；二是业务层次较低，融资、技术转让等高端中介服务能力不足；三是市场秩序不规范；四是中介机构独立性不强。节能服务不健全的原因是多方面的：一是现实市场需求相对有限，市场潜力尚未被挖掘；二是没有体现青岛特色的金融和财税等政策支持；三是节能服务产业的人才相对匮乏。

五　社会各层面对节能减排重视不足

人是社会的主体，也是节能减排活动的主体。节能减排必须从每个人，从日常的工作生活抓起。尽管越来越多的居民通过参与一系列低碳节能宣传活动，提高了低碳节能环保的意识，但是从人们日常行为来看，节能意识还没有渗透社会生活的全过程，人们的消费方式还没有完成向低碳、节能、环保、绿色的转变。低碳理念也还没有完全渗透和融入企业战略和生产经营过程。

之所以对节能减排不够重视，首先是因为一直以来经济发展依靠要素驱动，能源利用低水平建设、能源运行低效率和粗放式能源管理形成了人们的粗放式思维。人们的思维惯性尚未完成向创新驱动和技术驱动的真正转变。其次，节能教育还没有纳入国民教育和培训体系，在社会劳动者和消费者群体中，节能知识和节能技能普及率低的问题十分突出，部分企事业单位日常节能管理工作因缺少节能人才而无法有效深入开展。最后，节能宣传工作推进过程相对缓慢。从政府到企业，对低碳环保、节能减排认识程度不够。以清洁生产为例，作为节能减排的一项重要任务，青岛市民对清洁生产的认知率不超过30%。对清洁生产认识上的误区、偏见更是清洁生产推进工作的主要思想障碍，特别是自愿开展清洁生产审核的企业不够普遍。近年来，尽管青岛市清洁生产企业数量呈逐年增加态势，但是在全市企业中所占的比重仍旧比较低。截至2010年年底，青岛市清洁生产企业达到440家，占全市规模以上企业的比例仅为7.3%（见表5-9）。

表5-9　　　　　　　　青岛市清洁生产企业统计情况

年份	清洁生产企业数量	自2003年累计清洁生产企业数量	当年规模以上企业数量	自2003年累计占当年规模以上企业比例（%）	其中自愿清洁生产企业数	其中强制清洁生产企业数
2003	10	10	2393	0.4	10	—

续表

年份	清洁生产企业数量	自2003年累计清洁生产企业数量	当年规模以上企业数量	自2003年累计占当年规模以上企业比例（%）	其中自愿清洁生产企业数	其中强制清洁生产企业数
2004	49	59	2885	2.1	29	20
2005	52	111	3697	3	17	35
2006	62	173	4567	3.8	32	30
2007	48	221	5032	4.4	33	15
2008	61	282	5628	5	30	31
2009	86	368	5895	6.3	36	50
2010	72	440	6037	7.3	33	39
合计	440				220	220

资料来源：青岛市经信委。

六 城市规划不符合低碳城市理念

低碳城市建设在我国处于刚刚起步阶段，青岛市现有的城市规划理念也与低碳城市的发展理念尚存在差距。具体表现在：

一是居住区的用地规模越来越大。居民小区一般为封闭型，将公共交通阻挡在外，给居民出行带来很多不便。这在一定程度上鼓励了私人小汽车的出行，居住区内大量的小汽车出行，导致小区入口处交通拥堵，增加能源消耗和尾气排放。

二是单一的用地功能，产生了大量巨型居住社区。其主要功能为居住，较少考虑用地的混合和在一定区域内提供足够的就业岗位，导致城市中大量的钟摆交通与长距离通勤，进一步导致城市交通的拥堵，进而增加了交通的能源消耗。

三是郊区住宅低密度大量开发。在郊区，由于地价相对较低，开发强度也较中心城区低，甚至出现低层低密度的别墅型住宅区。同时，出于经济性考虑，郊区公共交通网一般较疏。低密度的住宅开发和较疏的公共交通网络必然导致公共交通出行比例较低、私人小汽车使用比例高等问题。

第六章　青岛市低碳城市发展路径与支撑

第一节　青岛市低碳城市的发展路线图

一　技术路线图的含义

路线图（Roadmap）也叫作路径图，按照韦氏词典（Merriam Webster）的解释，路线图有三个含义：一是一种用于表明路线，特别是机动车路线的地图；二是一项详细的、旨在实现某种目标的计划，用以引领发展或推动进步，如中东和平路线图计划、巴厘岛路线图等；三是一个详细的说明。

作为一种综合管理工具，路线图方法已经开始被很多企业、行业和国家所采用。它是针对研究主题涉及的领域及该领域未来发展前景、目标、障碍、措施等，按照一定的程序方式制定的战略，规划和详细的计划、方案。此方法最早主要被应用于技术领域，故在众多文献中往往称其为技术路线图方法。

（一）技术路线图的起源

技术路线图的最早使用者应该是美国汽车行业供应商。他们被要求提供未来产品的技术路线图以帮助汽车制造商降低产品成本，提高汽车的市场竞争力。20世纪70年代后期摩托罗拉公司采用技术路线图描述行业新兴技术进化和产品技术演化。80年代早期康宁公司将技术路线图法作为一种管理工具以帮助企业制定公司层面的战略和战略业务单元（SBU）的战略。

1987年，威尔亚德（Willyard）和麦克莱利（McClees）在《管

理研究》（*Research Management*）杂志发表的论文《摩托罗拉公司的技术路线图》中，首先使用了"技术路线图"一词。1998 年 5 月，美国《科学》杂志刊登了由时任摩托罗拉 CEO 的罗伯特·高尔文（Robert Galvin）撰写的"科学路线图"一文。文中提出，"技术路线图是对某一特定领域的未来发展的看法，该看法集中了该领域中集体的智慧和最优秀的技术驾驭者的想象。一般是采用绘图的形式表达出来，可成为这一领域可能发展方向的指南"。

技术路线图将技术相关环节之间的逻辑关系、制定的过程、技术变化的步骤、最终的结果等用简明扼要的文字、表格、图形等形式表达出来。它高度概括和综合某一领域的发展趋势，帮助使用者明确判断、选择符合技术发展趋势的关键技术，并厘清产品和技术之间的关系。

（二）技术路线图的应用和发展

技术路线图在企业中可以作为一种很好的管理手段和沟通手段。不少学者从理论层面对其图和图示法（map and mapping）进行了研究。如塔夫特、惠尔莱特和克拉克探讨分析了用图示方法来传达信息，为丰富技术路线图理论作出了很大贡献。

技术路线图具有高度概括、高度综合和前瞻性的基本特征。其应用领域也越来越广。在实践层面，技术线路图被应用到了企业、行业和国家三个层面。摩托罗拉积累的经验成为美国其他公司编制技术路线图的标杆，不少公司参照它建立了本企业的技术路线图。现在，美国高科技或技术导向型的大型企业基本上都有了技术路线图。摩托罗拉技术路线图的成果发布后不久，英国石油、飞利浦等欧洲的大企业也相继发表有关的文章。美国的半导体行业协会（SIA）的技术路线图则成为产业技术路线图的开端。该路线图详细描述了 15 年内半导体行业的技术路线。由行业、政府、科研院所等 179 名专家学者参与的第一版于 1992 年出版。此后，参与人数逐年增多，1997 年版的半导体行业技术路线图参与专家超过 600 名，耗费两年的时间才完成。随着版本的迭代，其他国家也参与进来，到 2003 年版的半导体技术路线图已经具备国际化特征。此外，国家层面的技术路线图也在按部就班地编制。20 世纪 90 年代后，美国政府主导编制了 200 多个技术路线图，有超过 1000 家的企业使用了这些成果。由此可以看出，技术路线图的应用领域逐渐扩大。从地域范围看，不仅企业、产业、政府有成熟的应用案例，国家乃至国与国之间也在使用；从涉及的内容看，技术路线图不仅用于产品的技术细分、元器件技术，还被用于行业和跨行业的技术整合。

作为技术研发、管理和预见的一个基本工具，技术路线图尽管已被众多的国家采用，但是它仍缺少一个标准定义。总的来说，技术路线图是一个通过技术路线图制定流程而产生的文件。它确定了要制造某类产品所需的必要的技术、流程、关键环节，以及流程或环节的基本目标要求。表 6 - 1 所列的是技术路线图在不同国家中的定义和侧重点。

表 6 - 1　　　　　　　　不同国家技术路线图的定义和侧重点

国家（地区）及定义代表人物	定义描述	侧重点
英国 David Probert	技术路线图是利益相关人关于如何前进的看法，以及对达到的目标的看法。就像地图一样，描述的是从一个地方到另一个地方的路径。技术路线图的目的是帮助这个群体确信其能力是能在合适的时候达到某个目标	强调过程——技术路线图的过程是利益相关者达到一致的过程
加拿大	技术路线图是一个过程工具，帮助识别行业/部门/公司未来成功所需的关键的技术，以及获得执行和发展这些技术所需的项目或步骤	这两者都强调是过程工具。它们是在 20 世纪 90 年代中后期被提出的，注重产品技术路线图，即把产品的内容和技术的发展相联系
澳大利亚	技术路线图是一个全面的工具，帮助公司更好地理解其市场并做出见多识广的技术投资决策，它是一个规划过程——由行业领导——帮助公司识别它们未来的产品、服务和技术需求，评估和选择技术来满足这些需求	

续表

国家（地区）及定义代表人物	定义描述	侧重点
中国大陆	技术路线图是指应用简洁的图形、表格、文字等形式，描述技术变化的步骤或技术相关环节之间的逻辑关系。它能够帮助使用者明确该领域的发展方向和实现目标所需的关键技术，厘清产品和技术之间的关系，它包括最终的结果和制定的过程	过程和结果并重
美国 Robert Galvin	技术路线图是对某一特定领域的未来延伸的愿景。该愿景集中了集体的智慧和最显著的技术变化的驾驭者的看法。一般是采用绘图的形式表达出来的，可成为这一领域可能发展方向的一个详细目录	强调结果——技术路线图包含了技术发展的方向
中国台湾	技术路线图是未来发展的愿景图，结合了知识、理想、企业、政府资源、相关投资及控管流程。技术路线图对于产业的技术需求提供了确认、评估及选择策略的技术方案，借以达到技术发展的目的。整体而言，技术路线图是针对某一特定领域，集合众人意见对重要变动因素所做的未来展望	

资料来源：根据相关资料整理。

按照编制的目的不同，技术路线图可分为产品技术路线图、服务（能力）技术路线图、战略规划技术路线图、长远规划技术路线图、知识资产规划路线图、项目规划技术路线图、过程规划技术路线图、综合规划技术路线图。城市发展路线图属于综合规划技术路线图。低碳城市发展路线图就是城市为实现低碳发展而制订的战略、规划和详细的计划、方案，以及对城市制定低碳城市战略、编制温室气体排放清单、制定和实施规划以及监测评估等一系列行动方案和制度设计。

二　技术路线图的编制方法与流程

（一）技术路线图的编制方法

目前技术路线图的编制方法有四种，即基于专家的方法（Expert - Based Approach）、基于工作组的方法（Workshop - Based Approach）

和基于计算机的方法（Computer - Based Approach），还有一种方法是将以上三种方法结合起来，称为混合方法（见表6-2）。

表6-2　　　　　　　　　　　　技术路线图绘制方法

方法	简介
基于专家的方法	依据参与专家的专业知识和个人经验，主观确定技术路线图中的各个环节和环节的内容
基于工作组的方法	来自不同部门的人员组成团队，分成几个 Workshop，利用参与者的知识和经验确定技术路线图节点和连接的属性。如行业路线图就由行业、政府、学术界研究人员及其他利益相关者参加共同绘制
基于计算机的方法	利用各种信息渠道收集的详细信息，如杂志、计算机数字库等，得出以前的路线图的节点和连接属性，然后得出以后的路线图的节点和连接属性
混合方法	基于专家的方法反映了专家的意见，比较主观；而基于计算机的方法由数据说明，比较客观，但常常会出现收集到的资料不足，同时缺乏了专家能动性。所以出现了把各种方法综合起来的混合方法

资料来源：根据相关资料整理。

1. 基于专家的方法

基于专家的方法是指将相关领域专家召集在一起，依靠专家之间的智慧碰撞，确定技术路线图中的各个环节和环节的内容。例如，曾经由600多名科学家参与绘制的美国半导体协会技术路线图，实际上就是一种结构化的"头脑风暴法"。它依据参与专家的专业知识和个人经验，主观确定出技术路线图中各个环节及其定量与定性属性。

2. 基于工作坊的方法

基于工作坊的方法指根据编制要求，将来自不同业务部门的人员组成项目团队，并分成若干工作坊，利用工作坊成员的知识和经验确定技术路线图各环节内容。如行业路线图就由从行业部门、政府、科研机构及其他利益相关者抽调的人员来完成。

3. 基于计算机的方法

基于计算机的方法就是通过对科学、技术、工程和最终产品的大型文本数据库进行计算机检索和汇总，采用数据挖掘、引文分析、文献计量分析等方法，确定技术、工程以及产品的研究领域，并对它们之间的相关性进行量化分析，最终确定技术路线图。相关的数据库包括学术论文、专著、研究报告、专利技术、信件等。与前两种方法相比，基于计算机的方法更具客观性。

（二）技术路线图的编制流程

技术路线图编制的过程实质是组织利益相关者对某领域未来发展达成共识并加以描述表达的过程。

一般而言，国家层面的技术路线图的制定过程大致分为四个步骤：第一步是准备，即确定编制目标和编制方式、方法；围绕目标收集资料文献；确定利益相关者；对技术、市场等外部环境初步分析。第二步是确认未来愿景，即在对技术、社会、市场及面临的障碍等现状分析的基础上，确定未来的蓝图、终极目标和时间安排。第三步是确认技术发展路径，即围绕未来蓝图，根据技术基础和现实条件，确定优先发展领域、研究项目和方向。第四步是提出技术路线图报告，即将研究成果编制成技术路线图报告。在未来愿景确定和技术发展路线规划阶段均可采用研讨会方式。

根据我国的国情和城市发展的实际情况，城市低碳发展路线图的绘制过程大致可分为以下几步。

1. 提升责任意识，凝聚低碳共识

加深整个社会对气候变化和能源问题的了解，提升公众危机意识和责任意识，特别是要提升城市管理者的观念和意识，促使城市管理的领导决策层和行政执行层在低碳城市发展建设的目的、意义和必要性等问题上达成共识。

2. 合理编制温室气体排放清单

借助各种技术手段，统计汇总有关城市能源消费状况的详细数据信息，计算其社会和生产活动中各环节直接或者间接排放的温室气体，厘清城市的温室气体排放源与碳汇源的现状，为科学地进行情景分析提供基础数据和信息。

3. 情景分析与模拟

对气候变化背景下城市能源、经济、环境等问题进行 SWOT 分析，梳理现有相关政策，并识别各类政策措施的减排潜力，寻找低碳城市发展中面临的主要问题、机遇和挑战；开展温室气体排放的未来情景分析，对未来可能情景进行预测分析。

4. 提出低碳城市发展战略和规划

确定低碳城市发展的指导思想、基本原则和建设思路，根据城市发展实际，树立低碳发展愿景，科学合理地设定量化的减碳目标，规划城市低碳发展的总目标，并将其分解到各主要领域，制定各相关领域的碳减排行动方案，落实政策及资金匹配，安排重点领域的优先项目。

5. 实施低碳城市发展规划并反馈

包括组织实施部门和行业专项行动，实施重大项目，开展科技创新和机制体制创新，开发合适的低碳商业模式，通过学校教育、公众低碳意识等，将目标落到实处。

在此基础上，对实施情况进行跟踪反馈，以保证方案的顺利推进和建设目标的圆满实现。

三 青岛市低碳城市发展路线图的基本内容

(一) 青岛市低碳城市的发展路线图

对许多发达国家城市而言，温室气体的首要排放源是大规模交通排放；其次是建筑领域的采暖和制冷排放，这两项往往占整个城市排放的 70%—80%，而工业生产导致的排放比重较低。因此，低碳工作的方向首先是实现低碳交通和低碳建筑。

青岛市能源结构仍旧以煤为主，第二产业的能源消耗占总消费量的 70% 以上，其中主要是工业能源消耗。因此，青岛市的低碳城市建设应从能源低碳入手，重点放在工业领域，建筑和交通领域是在快速城市化过程中建设较多的低碳基础设施，同时倡导低碳生活方式，最终实现排放的低碳化。青岛市低碳城市的发展路线图应按照"能源低碳化→生产低碳化→消费低碳化→排放低碳化"的基本思路进行编制和勾画，如图 6-1 所示。

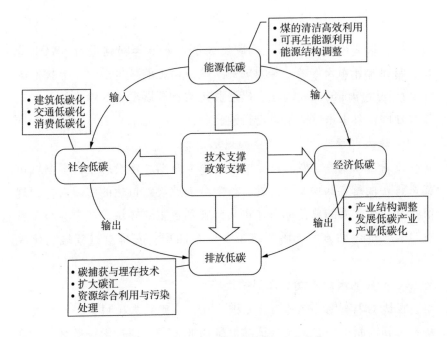

图6-1 青岛市低碳城市发展技术路线

青岛市低碳城市建设应与"循环经济试点城市""国家环境保护模范城市"等创建成果有机结合，以建设全国生态文明建设城市为契机，按照"政府主导，全面实施，分项指导，重点突破"的原则，以技术创新为支撑，以制度创新为保障，以转变发展方式、减少温室气体排放、实现经济、社会、环境的可持续发展为目标，通过调整能源结构、推广利用洁净煤技术、采用可再生能源和新能源利用实现能源低碳，通过调整产业结构、发展低碳产业、低碳化改造现有产业以实现经济发展低碳，通过建筑低碳化、交通低碳化、消费低碳化实现生活低碳，通过碳捕获与埋存技术利用、扩大碳汇、资源综合利用与污染治理实现排放低碳，最终实现能源低碳化、交通低碳化、建筑低碳化、农业低碳化、工业低碳化、服务业低碳化、消费低碳化和公共管理低碳化等多位一体的低碳城市空间格局的构建。

（二）青岛市低碳城市路线图实施的基本思路

1. 以项目建设为中心，推进城市低碳化

低碳城市建设离不开项目支持。青岛市低碳城市建设应以项目为核心,从基底低碳入手,在农业、林业、工业、服务业、建筑、交通、城市建设、科技创新、公共管理、社区建设等领域实施低碳项目,推进城市低碳化格局的形成。

2. 以低碳产业园区为支撑,实现产业低碳化

从园区企业清洁生产入手,按照3R(即减量化、再利用和再循环)原则,在产业园区内搭建以节能减排、资源综合利用为主导的循环经济框架,完善以高新技术为依托的,以先进装备制造业、绿色农业、现代服务业等为主导的低碳产业支撑体系,加快园区低碳产业链的形成。

3. 以制度创新为保障,促进公共管理低碳化

按照"三低三高"(低耗能、低污染、低排放和高效能、高效率、高效益)的要求,实施符合低碳理念的城市规划,不断促进城市功能分区的布局合理化,提高城市运行效率,创新城市建设与管理模式,培育城市的低碳机能,加强以建筑节能、低碳化社区建设、低碳化交通出行等为重点的低碳化城市管理。

4. 以宣传教育为措施,推进生活方式低碳化

全面开展低碳宣传教育,普及低碳知识,开展生态文明理念和绿色消费生活方式的宣传,强化市民节约资源、保护环境的意识,促进人们行为方式向低碳转型。

第二节　青岛市低碳项目

一　低碳项目的含义

低碳项目是以温室气体减排为主要目的,以低耗能、低污染、低排放为要求的投资活动,以及与之相关的科技创新与成果推广、技术培训和宣传等项目。

低碳项目内容主要包括:低碳城市规划、可再生能源和新能源能力建设、工业节能减排、新能源汽车和电气轨道交通建设、太阳能建筑和节能建筑建设、低碳技术的开发和转让合作、林业碳汇、绿色农

业推广、绿色服务推广、低碳物流体系建设、智能信息化建设、低碳政策研究与实施、公众宣传等。其概念模型如图 6 - 2 所示。

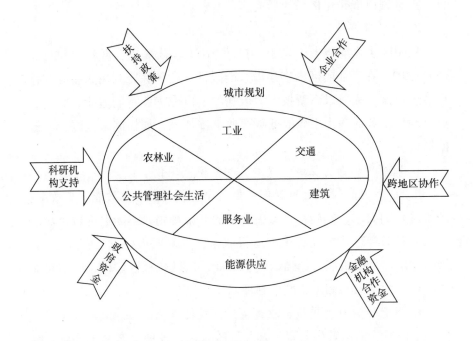

图 6 - 2   低碳项目概念框架与推动力

低碳项目的核心是能源技术和减排技术创新，兼顾产业结构和制度创新以及人类生存发展观念的根本性转变。

低碳项目是低碳技术转化为生产力的重要途径，是将低碳技术转化为低碳效益的重要依托，同时也是企业扩大利润和提升企业发展战略的重要载体。

二   青岛市低碳农林业重点项目及效益评价

（一）中低产田改造项目

青岛市"十二五"期间实施中低产田改造项目将改造中低产田 50 万亩，预计需要资金 1.4 亿元，可申请国家农业综合开发中低产田改造项目资金和市财政支农资金。通过中低产田改造，提高土壤有机碳含量，参照山东省土壤有机碳密度平均值 60.0 吨/公顷，到 2015

年青岛市土壤有机碳密度达到华北地区土壤有机碳密度83吨/公顷平均水平，可以累积固碳76.67万吨，相当于减排$CO_2$281.14万吨，平均每年减排56万吨。

（二）测土配方施肥工程

青岛市测土配方施肥工程以测土配方施肥技术进村入户、施用配方肥到田为目标，以增强农民科学施肥意识、应用测土配方施肥技术为核心，采取以点带面、整村推进方式。

2009年青岛市共实施测土配方施肥面积414万亩，减少不合理施肥总量（折纯）9806吨；2010年测土配方施肥推广面积达504万亩，减少不合理施肥总量（折纯）达1.24万吨。青岛市耕地面积大约630万亩，根据《青岛市2009年测土配方施肥补贴项目实施方案》中测土配方施肥投入量计算，年需资金250万元，可申请中央补贴资金和市财政支农资金，项目完成后每亩节约成本增效30元以上，累计可减少不合理施肥1.5万吨左右，按照青岛市化肥生产能耗水平计算可间接节约2.4万吨标准煤，相当于减排$CO_2$5.8万吨。

（三）循环农业示范区工程

循环农业示范区工程是以大中型沼气工程和户用沼气为纽带，建设一批循环农业示范区，形成"种—养—沼"循环农业产业链。"十二五"期间，青岛市每年重点扶持建设5个循环农业示范园、50个户用沼气示范村。

其中，新建农村户用沼气项目总投资0.9亿元，"十二五"期间新建"一池三改"户用沼气3万户。按照一个沼气池年节约标准煤605千克计算，新建农村户用沼气项目可实现年减排$CO_2$4.8万吨，每年可为每户节约燃料开支500元以上。

（四）林业碳汇重点项目

"十二五"期间，青岛市将实施森林建设工程、森林抚育工程、生态脆弱区造林工程、碳平衡建设工程、湿地保护和建设工程、水源地保护工程、水土流失治理工程、海洋生态保护工程、森林城市建设工程、农村生态建设工程、生态建设保障工程、生态文化工程、科技支撑工程13项生态工程，增加造林面积，完成新造林60万亩目标，同时提高森林质量，争取全市森林蓄积量达到 1082 万立方米，争取到"十二五"末使全市的森林覆盖率达到 40%。资金来源主要是市财政预算。

三 青岛市低碳工业重点项目及效益评价

（一）工业节能改造项目

1. 燃煤锅炉（工业窑炉）系统改造项目

加大燃煤锅炉和重点行业燃煤工业窑炉节能改造力度，提高锅炉运行效率。到 2015 年，热网保温效率到 95% 以上，燃煤工业锅炉热效率达到 85%—90%，工业窑炉余热利用率提高 15%。

2. 区域热（冷）电联产工程和集中供热（冷）工程

在城市小区和工业园区将分散的小供热锅炉，"以大代小"改造为热（冷）电联产或集中供热（冷）；对设备老化、技术陈旧的热电厂进行技术改造和整合提升；鼓励利用秸秆和垃圾等废物建设热电联产项目。到 2015 年供热标准煤耗降低 10%，发电标准煤耗（热电企业）降低 10%。

3. 余热余压利用工程

推进工业企业余热利用工程；开展干熄焦、TRT、高焦转炉煤气回收利用等项目建设；推进锅炉蒸汽冷凝水回收利用工程。到 2015 年工业企业余热利用率达到 80% 以上，冷凝水回收利用率达到 80% 以上。

4. 节约和替代石油工程

推进冶金、电力、石油石化、建材、化工等企业以洁净煤、石油焦、燃气、可燃性气体为燃料和原料的节油、代油改造工程；鼓励使用诸如混合动力汽车、燃气汽车、醇类燃料汽车、燃料电池汽车，太阳能汽车等洁净燃料汽车；推广机动车节油技术。到 2015 年，80% 以上的工业企业完成天然气燃料替代石油燃料；营运货车单位运输周转量能耗在 2010 年基础上下降 7%；营运客车单位运输周转量能耗在 2005 年基础上下降 3%；营运船舶单位运输周转量能耗在 2010 年基础上下降 6%；港口生产单位吞吐量综合能耗在 2010 年基础上下降 3%。

5. 电机系统节能工程

优化电机系统配置；加快淘汰落后低效电机，推广高效节能电机；淘汰电网在役的 S7 型及 73 型、64 型高耗能变压器，推广 S11 和非晶合金等节能型变压器；推广变频、变压调速节能技术。"十二五"时期，新增中小电动机能效指标达到 92%—95%；风机能效达到 80%—85%；泵能效达到 83%—87%；（输入比功率≤）指标 5—8。

6. 能量系统优化工程

全面推进重点用能单位的能量系统优化，建设企业能量在线监测（检测）系统和管理中心；重点在热电、石油化工、合成氨、钢铁、水泥、印染、轮胎、造纸等企业的生产系统推进能量系统优化改造。到 2015 年，工业企业 27 个单位产品能耗指标比 2010 年平均下降 18%。

"十二五"期间，低碳工业节能重点项目的实施资金主要为企业自筹，根据项目情况可申请专项资金支持。项目完成后，如果按照环比法计算，理论年均节能量为 169.26 万吨标准煤，相当于年均可实现减排 CO_2 415.82 万吨，减排 SO_2 2.79 万吨。

（二）清洁生产重点推进工程

促进清洁生产企业建设，组织企业清洁生产"对标、达标"，实施清洁生产强制审核，加快清洁生产技术进步和产业化发展，加强清洁生产推行能力建设。按照规划，"十二五"期间每年 100 家以上企业开展清洁生产审核，五年预计需投资 50 亿元，产生经济效益 150 亿元。按 2009 年度青岛市企业清洁生产效益测算，清洁生产企业对全市规模以上工业企业总节能量的贡献率为 2.5%，SO_2 减排总量的贡献率为 2%，CO_2 减排总量的贡献率为 2%。

（三）新能源产业项目

加快风能、太阳能、生物质能、海洋能和地热能等可再生能源的应用，着力开发新能源关键设备和成套装备。重点工程包括即墨大型光伏产业项目、昌盛日电太阳能项目、皇明太阳能产业园项目、中科院中试基地、中科盛创电气大功率蒸发冷却风力发电设备研发中心与生产基地、奥博新能源科技项目、青岛黎明云路新能源科技有限公司非晶带材项目、台湾高分子材料生产及研发项目、安侨风光能项目等，总投资约 100 亿元。资金来源主要依靠项目招商投资和企业融资。

（四）电力工业项目

电源重点建设项目 4 项，新增总装机容量 253 万千瓦，"十二五"期间完成投资 99 亿元（见表 6-3）。电网重点建设项目 19 项，投资约 37 亿元。资金来源主要依靠企业自有资金和企业融资。

表 6-3　　"十二五"期间青岛市电源重点建设项目一览

项目名称	装机容量	总投资
华电青岛发电有限公司三期工程	70 万千瓦	总投资约 26 亿元，"十二五"期间完成投资 23 亿元
大唐胶州热电联产建设项目	70 万千瓦	26 亿元
华能董家口临港产业区热电联产建设项目	43 万千瓦	20 亿元
大唐胶南城区热电建设项目	70 万千瓦	30 亿元

资料来源：《青岛市"十二五"能源建设发展规划》。

四　低碳交通重点项目及效益评价

（一）轨道交通建设

续建地铁 3 号线，2014 年建成通车。地铁 2 号线一期工程按计划开工建设，"十二五"期间完成轨道铺设。"十二五"期间，轨道交通规划投资 314 亿元。

（二）公交专用道

整合香港路、中山路等既有公交专用道，建设山东路、鞍山路、辽阳路等公交专用道，预计新增公交专用道 150 千米。

（三）跨区域公交

海底隧道通车后，利用老城区现有场站，在黄岛区新建薛家岛大型公交换乘枢纽，开设老城区主要集散点至薛家岛的公交线路，实现青黄公交网络对接。利用环湾大道等跨区域快速路网，开辟跨区域公交快线，实现七区之间的公交覆盖，逐步推进城阳区、黄岛区现有线路班车公交化改造。

（四）公交场站建设

"十二五"期间，规划建设公交场站 25 处，规划投资 8 亿元。

（五）公交车辆更新

"十二五"期间，市区规划新增车辆 1157 辆，更新车辆 1250 辆，规划投资 12 亿元。

（六）交通信息化

全面加快"14421"交通信息化工程①建设，重点推进交通信息基础数据库的建设，加快应用系统的开发整合，构建和连通覆盖区域的交通通信信息基础网络。"十二五"期间，交通信息化规划实施 22 个项目，规划投资 5.3 亿元。

五　低碳建筑重点项目及效益评价

（一）建筑太阳能生活热水供应推广工程

对住宅建筑和公共建筑实施太阳能热水系统集热器和太阳能热水供应项目，2009—2015 年，累计新增太阳能热水系统集热器采光面积 19.5 万平方米；用于太阳能热水供应的建筑面积累计达到 1300 万平方米。

（二）太阳能建筑供暖系统应用示范工程

在有条件的地方，鼓励采用太阳能采暖、空调系统。2009—2011 年新增应用太阳能采暖空调建筑面积 15 万平方米；2012—2015 年新增应用太阳能采暖空调建筑面积 20 万平方米。相关部门在技术、政策和资金方面给予支持。

（三）建筑节能改造工程

"十二五"期间全面完成住房和城乡建设部下达的既有居住建筑节能改造任务，其中综合改造任务达到 30%；完成 100 万平方米大型公建节能改造任务。

到 2015 年，建筑节能形成年节约 190 万吨标准煤（包括可再生

---

①　"14421"交通信息化工程是指 1 个交通综合数据中心、4 个综合信息平台、4 个应用系统，完善 2 个门户网站、1 个交通运输指挥中心。

能源替代）的能力。

六　低碳服务业重点项目及效益评价

（一）生产性服务业

1. 金融业项目

建设燕儿岛路国际金融港、产权交易所、国际商品交易所、半岛票据清算中心、区域期货市场交易大厅等项目。重点引进半岛外汇交易中心、离岸金融、财富管理等领域项目，打造区域性金融中心。金融业增加值年均增长 20% 以上，到 2015 年占全市生产总值的比重提升到 6%。

2. 现代物流项目

建设青岛胶州湾国际物流园区、青岛物流交易分拨中心（三期）、中盐董家口港物流、物流公共信息网络平台、航运大厦等项目。实施保税物流、第四方物流等新型物流业态领域定向招商，打造东北亚国际航运综合枢纽和物流中心。现代物流业增加值年均增长 14% 以上，到 2015 年占全市生产总值的比重提升到 10%。

3. 科技服务业项目

以建设区域性科技中心为目标，建设国家海洋科研中心、国家深海基地、中国橡胶谷、国家质检中心二期工程、中国科学院光电所、兰化所、软件所青岛研发基地、青岛国家大学科技园（北部高新区）等项目。科技服务业增加值年均增长 20% 以上，到 2015 年占全市生产总值的比重提高到 2%。

4. 信息服务项目

软件与信息服务业以建设区域性信息中心为目标，突出基础网络设施建设、信息资源开发利用与共享，建设完成世纪互联青岛数据中心、普加智能搜索引擎、华强电子商务产业基地、无线局域网和无线城域网络工程等项目。推广应用 3G、三网融合、物联网，在嵌入式软件、行业应用软件等领域组织定向招商。软件与信息服务业增加值年均增长 22%，到 2015 年占全市生产总值的比重提高到 3%。

5. 中介服务业项目

建设咨询大厦、创投大厦等项目，加快构建种类齐全、分布合理、功能健全、运作规范、与国际接轨的现代中介服务体系。中介服务业规模年均增长 15%，到 2015 年占全市生产总值的比重提高到 3.2%。

6. 节能环保服务业项目

节能环保服务业将针对企业清洁生产和循环经济的发展需求，推行能源管理的解决方案，完善市场化的节能环保服务体系。

（二）生活性服务业

1. 旅游业项目

建设青岛温泉国际会展度假城一期、港中旅青岛海泉湾度假城、少海旅游二期、唐岛湾海上嘉年华、莱西湖乡村生态旅游、啤酒城改造、唐岛湾游艇会所、海景国际大酒店、今典红树林度假会展生活酒店、登瀛游客服务中心等项目，打造国际海滨旅游度假中心和国际海上体育运动中心。旅游业增加值年均增长 15% 以上，到 2015 年占全市生产总值的比重提升到 4.5%。

2. 现代商贸流通业项目

建设完成万达商业综合体（李沧）、银座商城、至尊珠宝大厦、利群崂山购物广场、乐好博林购物中心等重点项目，打造胶东半岛购物中心。

3. 社区和家庭服务项目

建设完成即墨天熙乐生老年服务中心、爱晚中心等项目。推进社区养老、基层卫生医疗机构、保健、家政等便民服务设施建设，健全市、区、街道、社区四级服务网络。

（三）新兴服务业

1. 总部经济项目

建设完成城阳总部基地、大唐山东区域总部、南通三建总部、韩国圣度集团中国区营销总部等项目，培育和发展配套服务完善的总部经济集聚区。实施金融、航运等领域以及研发中心、营销中心、结算中心等方面的总部定向招商，建设我国北方重要的总部基地城市。

2. 服务外包项目

建设完成中国国际（青岛）服务外包产业园、中盈蓝海 BPO 项目、崂山东元软件园等服务外包项目。实施软件业、物流、金融、海洋科技等领域外包项目定向招商。

3. 文化创意项目

建设完成青岛华强文化科技产业基地、北大创意科技园、文化创意总部基地、动漫传奇海、凤凰岛影视动漫创意城、数字电影文化博览园、青岛市出版物交易中心、中国电影交易中心、鲁信动漫体验园、中视动漫城等项目。实施动漫游戏、工业设计、网络应用、演艺娱乐、传媒营销等领域定向招商。文化创意产业增加值年均增长19%左右，到2015年占全市生产总值的比重提高到10%。

4. 会展业项目

建设完成2014年世界园艺博览会展区、青岛会展中心四期、青岛温泉国际会展中心等项目，推进麦岛国际会议中心、小蓬莱会议中心等项目，引进高端品牌会议、大型知名展览等特色会展，打造国际会展知名城市。会展业增加值年均增长20%，到2015年占全市生产总值的比重提高到0.7%。

"十二五"期间，青岛市服务业重点项目233个，总投资2640亿元，"十二五"完成投资1900亿元，占重点项目总投资的29.3%。其中已有项目185项，总投资2440亿元，"十二五"期间完成投资1800亿元；重点领域招商项目48个，总投资200亿元，"十二五"期间完成投资100亿元。资金来源以招商引资为主。

七　低碳公共管理与社会生活重点项目及效益评价

(一) 生活和消费方式

1. 绿色照明推广工程

采用大宗采购、电力需求侧管理、合同能源管理和节能惠民工程等措施，推广高效照明电器产品，确保照明产品质量和节能效果；推进照明节电改造和城市高效节能夜景系统改造示范；推广使用LED交通信号灯。到2015年，照明电耗在2010年基础上降低10%。

2. 高效节能家电推广工程

加快淘汰落后家电，推广高效节能家电。"十二五"时期，使空调器能效比达到3.5—4.0；电冰箱能效指数达到62—50；家用燃气灶（热效率）达到 60%—65%；家用燃气热水器（热效率）达到 90%—95%。

（二）低碳政府重点项目及效益评价

深入落实《青岛市公共机构节能管理办法》，加强公共机构节能的宣传教育，制定公共机构能耗定额标准，强化指标考核，加大对公共机构节能管理能力建设的投入，推进公共机构能耗监督管理体系、统计监测考核体系和信息化管理平台建设。以 2010 年为基数，到 2015 年，公共机构实现节电 10%、节水 10%，公务用车平均每百千米能耗节约 5% 以上，单位建筑能耗和人均能耗分别降低 10% 的目标，形成年节约 10 万吨标准煤的能力。

（三）低碳社区重点项目及效益评价

低碳社区重点项目主要是为改善社区能源消费结构、建设低碳社区而兴建的能源供应工程项目。资金来源主要依靠企业自有资金和企业融资。

1. 气源重点建设项目

建设气源项目 3 项，新增供气能力 25 亿立方米，新增 LNG 储气能力 13 万立方米。"十二五"期间完成投资约 110 亿元。

2. 气网重点建设项目

建设气网项目 5 项，新建、改建天然气管网工程约 1638 千米。"十二五"期间完成投资约 25 亿元。

3. 热源建设项目

"十二五"期间实施 27 项热源工程建设，热水锅炉供热能力新增 3854 兆瓦，蒸汽锅炉供热能力新增 7539 吨/小时，新增最大供热面积 18204 万平方米。"十二五"完成投资 75.4 亿元。

4. 热网建设项目

"十二五"期间，改造市区采暖蒸汽管网 160 千米，投资 12 亿元。铺设五市热源配套管线 300 千米，投资包含在热源建设投资中。

5. 太阳能路灯示范工程

在有条件的小区发展太阳能路灯示范，预计新增太阳能路灯 19500 盏。

八　低碳基础设施重点项目及效益评价

（一）公路基础设施建设项目

"十二五"期间，以完善公路路网布局、优化调整公路结构、提升公路养护管理水平、提高县乡公路通达能力、全面形成环湾型城市公路网络为目标的公路规划建设项目共计50项，完成投资390亿元。规划建设里程1889千米，其中，新建里程597千米，改建里程1292千米。新建高速公路90千米；新建一级公路440千米，改建一级公路250千米；新建二级公路67千米，改建二级公路42千米；建设农村公路1000千米。高速公路网络建设投资63.4亿元；青岛市域与周边地市公路衔接投资77.3亿元；构建环湾区域一体化交通网络投资55.3亿元；提升港口集疏运公路的运输能力投资30.6亿元；提高农村公路的网络化水平投资126.2亿元；客运枢纽建设投资7.1亿元。

（二）港口（含航运）基础设施建设项目

"十二五"期间，以增加港口能力为重点，统筹港区错位布局、互为补充、协调发展，全面推进董家口港区的开发建设，完善前湾港区建设，加强港口集疏运体系建设，积极发展邮轮经济，积极争取国际大型航运企业开辟到青航线。"十二五"期间，规划建设项目40项，完成投资321.8亿元。其中，规划建设29个码头重点项目投资280.7亿元；港区基础设施配套能力建设投资41.1亿元。项目完成后，青岛市新增泊位34个，新增港口通过能力1.21亿吨，其中集装箱通过能力340万TEU，新增航道长度22.8千米，新增防波堤7.7千米。

（三）城市基础设施建设项目

"十二五"期间，青岛市规划重点建设项目共42项，总投资496亿元。其中，建设完善城市快速路13项（含续建工程8项），长度98千米，投资252亿元；新建或改建主干路25项，长度119千米，投资215亿元；新建或改建立交节点3项，投资19亿元；规划建设独立公共停车泊位约7000个，总投资约10亿元。至2015年，青岛人均道路面积达到23平方米，全路网容量增加1200万标准车千米/日。

九　非化石能源重点项目及效益评价

(一) 风电重点建设项目

"十二五"期间规划建设风电场 13 座,装机容量 135 万千瓦,规划投资 165 亿元 (见表 6 - 4)。项目完成后,年均发电 16.5 亿千瓦时,按热当量计,节约 20.3 万吨标准煤,与传统的燃煤电厂相比,可减排 $CO_2$49.9 万吨。

表 6 - 4　　　　　　　"十二五"期间青岛市风电项目一览

项目名称	装机容量 (万千瓦)	总投资 (亿元)
大唐黄岛风电项目	5	5
大唐胶南六汪风电项目	10	10
大唐平度云山风电项目	5	5
大唐平度新河风电项目	5	5
大唐胶南大村风电项目	5	5
大唐胶南宝山风电项目	5	5
大唐胶南琅琊风电项目	5	5
大唐平度祝沟旧店风电项目	15	15
大唐胶州洋河镇风电项目	10	10
大唐即墨海上风电项目	40	60
华电即墨丰城风电项目	5	5
国电电力胶南理务关风电项目	5	5
华电即墨海上风电项目	20	30

资料来源:《青岛市"十二五"能源建设发展规划》。

(二) 生物质能重点建设项目

"十二五"期间,规划建设 11 个生物质能发电项目,装机容量 21.3 万千瓦,规划投资 35.6 亿元 (见表 6 - 5)。项目完成后,年均发电 8.5 亿千瓦时,按热当量计,节约 10.5 万吨标准煤,与传统的燃煤电厂相比,可减排 $CO_2$25.7 万吨。

表 6 – 5 　　　　 "十二五" 期间青岛市生物质能项目一览

项目名称	装机容量（万千瓦）	总投资（亿元）
青岛小涧西垃圾焚烧发电厂一期项目	3.0	6.8
青岛小涧西垃圾焚烧发电厂二期项目	3.0	6.5
青岛市小涧西沼气发电项目	0.3	0.6
胶南城市生活垃圾厌氧发酵沼气发电项目	0.6	1.6
黄岛垃圾焚烧发电项目	1.2	2.8
胶州日处理 700 吨生活垃圾发电项目	1.8	3.6
青岛金谷热电有限公司秸秆热电工程项目	2.4	2.1
大唐即墨生物质发电项目	3.0	2.7
胶南秸秆直燃发电综合利用项目	3.0	3.0
平度生物质热电项目	3.0	3.1
大唐莱西生物质发电项目	3.0	2.8

资料来源：《青岛市 "十二五" 能源建设发展规划》。

（三）太阳能重点建设项目

"十二五" 期间，建设太阳能光热、光电项目 7 个，光伏发电装机容量达到 3.9 万千瓦，完成投资 8.9 亿元（见表 6 – 6）。项目完成后，年均发电 0.38 亿千瓦时，按热当量计，可节约 0.47 万吨标准煤，与传统的燃煤电厂相比，可减排 CO_2 1.1 万吨。

表 6 – 6 　　　　 "十二五" 期间青岛市太阳能项目一览

项目名称	装机容量	总投资
平度光伏发电项目	0.5 万千瓦	1.5 亿元
莱西光伏发电项目	0.5 万千瓦	1.5 亿元
青岛软件园鳌山园区光电建筑一体化发电项目	0.06 万千瓦	0.2 亿元
青岛金世纪物流中心光电建筑一体化太阳能发电项目	0.44 万千瓦	1.3 亿元
即墨太阳能科技产业基地光电建筑一体化发电项目	0.5 万千瓦	1.5 亿元
青岛赛轮轮胎 5 兆瓦太阳能发电项目	0.5 万千瓦	1.5 亿元
青岛森麒麟轮胎太阳能发电项目	0.4 万千瓦	1.4 亿元
城市道路照明的太阳能光热利用	0.5 万兆瓦	

资料来源：《青岛市 "十二五" 能源建设发展规划》。

（四）可再生能源供热和制冷重点建设项目

"十二五"期间，建设可再生能源供热和制冷项目4个，供热面积280万平方米，完成投资8.4亿元（见表6-7）。项目完成后，可节约2.24万吨标准煤，可减排CO_2 5.5万吨。

表6-7　"十二五"期间青岛市可再生能源供热和制冷项目一览

	供热规模（万平方米）	总投资（亿元）
团岛污水源热泵和海水源热泵	80	2.4
欢乐滨海城污水源热泵工程	100	3.0
海岸锦城污水源热泵工程	20	0.6
麦岛金岸污水源热泵工程	80	2.4

资料来源：《青岛市"十二五"能源建设发展规划》。

第三节　青岛市低碳产业园及其布局

低碳产业园区是建设低碳城市、发展低碳经济的重要载体。关于低碳产业园区目前尚无明确的定义。根据青岛市产业发展实际和低碳城市发展要求，低碳产业园区有以下几种类型：一是在满足正常运行的前提下，园区要在温室气体排放总量和排放强度上均体现低碳，如循环经济产业园；二是以生产低碳环保产品或提供节能减排技术为主的企业构成的园区，如节能环保产业园；三是突出产业结构调整优化，体现产业演进方向的产业园，如发展战略型新兴产业的园区。

一　石化化工产业

（一）黄岛石化产业园区

黄岛石化产业园区位于胶黄铁路线东侧，青岛港务集团液体化工码头以西，跨海大桥以南，秦皇岛路—海河路—黄王路以北。规划面积1546公顷，其中以青岛大炼油工程为龙头，包括丽东化工在内的石化基地一期用地已开发面积1140公顷。该园区重点发展炼油、焦

化液化气等石化原料产业。到 2015 年，园区工业总产值预计达到
1300 亿元。

（二）胶南董家口石化产业园区

胶南董家口石化产业园区位于董家口临港产业区，规划面积 2000
公顷，已开发面积 67 公顷。该园区重点发展乙烯、丙烯工程及下游
产品深加工项目。到 2015 年，园区工业总产值预计达到 300 亿元。

（三）青岛新河生态化工科技产业基地

青岛新河生态化工科技产业基地位于平度市新河镇西北侧，是青
岛市委、市政府规划建设的六个新增产业功能区之一，规划总面积 20
平方千米，已开发面积 300 公顷，重点发展盐化工、硅化工、氟化
工、精细化工、化肥和化学专用品。到 2015 年，园区工业总产值预
计达到 220 亿元。

二 高端装备制造产业园区

（一）崂山高端机械装备产业园区

崂山高端机械装备产业园区位于崂山科技城，规划面积 160 公
顷，已开发面积 130 公顷。该园区主要发展蓝色海洋经济孵化及装备
制造产业、新能源装备制造产业、光电装备制造业、电线电缆、变配
电设备、智能电气机械产业、智能电网产业。到 2015 年，园区工业
总产值预计达到 170 亿元。

（二）黄岛通用航空产业园区

黄岛通用航空产业园区位于黄岛区红石崖街道办事处，规划面积
100 公顷，已开发面积 50 公顷。该园区重点发展直升机总装，航空发
动机、飞机零部件加工制造，航空维修产业。到 2015 年，园区工业
总产值预计 50 亿元。

（三）黄岛重型装备产业园区

黄岛重型装备产业园区位于黄张路以东、中石化青岛炼化北侧，
规划面积 60 公顷，目前尚未进行开发。该园区重点组织生产海水淡
化等大件和重型装备。到 2015 年，集聚区工业总产值预计达到 100
亿元。

（四）城阳高速列车产业园区

城阳高速列车产业园区（含高新区部分）位于棘洪滩街道办事处，规划面积1550公顷，已开发面积1108公顷。该园区重点发展高速轨道交通装备及关键零部件。到2015年，园区工业总产值预计达到600亿元。

（五）胶南董家口海洋工程装备产业园区

胶南董家口海洋工程装备产业园区位于董家口临港产业区，规划面积1820公顷，尚未进行开发。该园区重点发展海洋工程装备、造修船及船舶配套装备、新能源设备、环保设备、港口机械、电力工程设备、石化装备等大型现代装备制造业、船舶零部件制造业。到2015年，集聚区工业总产值预计达到150亿元。

（六）胶南煤矿机械产业园区

胶南煤矿机械产业园区位于胶南经济开发区，规划面积233公顷，已开发面积33公顷。该园区重点发展煤矿井下隔爆兼本质安全型变频器及相关产品、煤矿井下隔爆兼本质安全型负荷中心、高低压开关及煤机电控、煤矿自动化系统等产业。到2015年，集聚区工业总产值预计达到60亿元。

三　新能源产业园区

（一）胶州风力发电装备产业园区

胶州风力发电装备产业园区位于胶州洋河装备制造工业功能区内，规划面积650公顷，已开发面积53公顷。该园区重点发展风力发电装备产业。到2015年，园区工业总产值预计达到120亿元。

（二）即墨太阳能光伏产业园区

即墨太阳能光伏产业园区位于普东镇，规划面积5000公顷，已开发面积100公顷。该园区重点发展太阳能光伏产业。到2015年，集聚区工业总产值预计达到100亿元。

（三）平度新能源材料产业园区

平度新能源材料产业园区位于同和街道办事处，规划面积6600公顷，已开发面积230公顷。该园区重点发展生物质能和新型碳材料产业。到2015年，园区工业总产值预计达到136亿元。

四 节能环保产业园区

（一）高新区高端装备制造与节能环保产业园区

高新区高端装备制造与节能环保产业园区位于海玉盐场，规划面积 1080 公顷，已开发面积 150 公顷。该园区重点发展精密仪器制造，太阳能、风能、生物质能、海洋能和地热能等可再生能源利用技术和设备研发与制造等产业。到 2015 年，园区工业总产值预计达到 50 亿元。

（二）莱西循环经济产业园区

莱西循环经济产业园区位于姜山轻工业功能区，是在国内首个批准创建的静脉产业类国家级生态工业示范园区——青岛新天地静脉产业园基础上规划建设的。园区规划面积 500 公顷，已开发面积 260 公顷。该园区重点发展节能产业、环保产业、资源循环利用产业、节能环保服务产业等。到 2015 年，园区工业总产值预计达到 50 亿元。

（三）低碳经济创新示范园

低碳经济创新示范园位于四方区镇平一路 2 号，胶州湾李村河入海口西侧，东临胶济铁路，西靠胶州湾高速，泰能集团下属焦化公司和热电公司厂区内，占地面积 1000 亩。依托泰能集团焦化厂搬迁转型及热电厂改造升级，旨在打造国内一流、华北地区最有影响力的低碳经济产业园区。规划引入节能服务、低碳经济、循环经济、清洁技术等项目及相关企业总部，发展清洁能源生产技术，建立低碳创新技术中心和培训中心。

五 新一代信息技术产业园区

（一）国家（青岛）通信产业园

国家（青岛）通信产业园位于崂山科技城，规划面积 200 公顷，已开发面积 120 公顷。该园区重点发展下一代移动通信、下一代互联网核心设备和智能终端、物联网、云计算、三网融合技术。到 2015 年，园区工业总产值预计达到 1200 亿元。

（二）黄岛信息谷

黄岛信息谷位于黄岛区辛安街道办事处，规划面积 800 公顷，已开发面积 100 公顷。该园区重点发展基于 IPV6 的新一代互联网、物联网、云计算、4G 移动通信、三网融合等新一代信息技术产业。到 2015 年，园区工业总产值预计达到 100 亿元。

（三）高新区电子与信息产业园区

高新区电子与信息产业园区位于高新区东风盐场东半场北部，规划面积 585 公顷，已开发面积 80 公顷。该园区重点发展嵌入式系统、新型显示、传感器、无线射频（RFID）等关键元器件，大力发展智能信息服务和集成解决方案。到 2015 年，园区工业总产值预计达到 110 亿元。

（四）胶州光电子产业聚集区

胶州光电子产业聚集区位于胶州洋河装备制造工业功能区，规划面积 649 公顷，已开发面积 63 公顷。该园区重点发展半导体照明显示、太阳能芯片、节能半导体激光组件等光电产业，以及北斗卫星民用应用项目。到 2015 年，园区工业总产值预计达到 50 亿元。

（五）青岛软件园

青岛软件园是国家火炬计划软件产业基地，是由青岛市科技局和青岛市市南区政府合作开发建设。软件园一期紧邻青岛市中央商务区和高校区，规划建筑面积 26 万平方米，已投入使用孵化面积 20 万平方米；软件园二期规划建筑面积 12 万平方米；软件园三期规划总建筑面积约 60 万平方米。青岛软件园即墨鳌山外包产业基地规划占地面积 10 平方千米，一期占地 2.7 平方千米。该园区重点发展 IT 服务外包、集成电路设计、嵌入式软件、数字动漫、互联网信息服务、行业应用软件。到 2015 年，园区总产值预计达到 100 亿元。

第四节　青岛市低碳城市重点项目的投融资建设

一　国外碳金融发展的经验与借鉴

与低碳经济相关的投融资活动发端于《京都议定书》中建立的温室气体减排合作机制，一般被称为碳金融（Carbon Finance）。

（一）碳金融市场的建立

"碳金融"活动最早是围绕着碳排放权交易市场（也称为"碳市场"）开展的。最有代表性的是欧洲的碳金融市场。为了完成《京都议定书》中规定的温室气体减量目标，根据《欧盟温室气体排放交易指令》要求，2005年1月1日全球第一个国际性的排放交易体系——欧盟排放交易体系（EUETS）正式启动。后续，许多国家和地区开始构建碳排放权交易体系。2011年10月，我国正式启动碳排放权交易试点工作。截至2015年，全球已建立了近30个碳交易市场，覆盖51个国家或地区，而欧洲开展排放权类产品的交易所最多，主要有欧洲气候交易所（ECX）、Bluenext碳交易市场、荷兰Climex交易所、奥地利能源交易所（EXAA）、欧洲气候交易所（ECX）、欧洲能源交易所（EEX）、意大利电力交易所（IPEX）、北欧电力交易所（Nordpool）。

（二）碳金融的业务

目前全球的碳金融活动主要包括直接融资、碳指标交易、银行贷款等金融活动。碳金融业务种类繁多，但是最关键的业务量仍是碳排放权交易。基于配额的交易（Allowanee – Based Trade）和基于项目的交易（Project – Based Trade）构成了国际碳市场的核心。配额交易市场内交易的对象主要是指政策制定者初始分配给排放企业的配额，如《京都议定书》中规定的配额AAU、欧盟排放权交易体系使用的欧盟配额EUA。项目交易市场交易对象主要是通过实施项目削减温室气体而获得的减排凭证，如由清洁发展机制（CDM）产生的核证减排量（CER）和由联合履约机制（JI）产生的排放削减量，其中欧盟排放交易体系（EUETS）的配额现货及其衍生品交易规模最大，2008年交易额接近920亿美元，占据全球交易总量的3/5以上。

（三）碳金融的产品

目前，排放权以及与排放权相关的远期、期权是最主要的交易产品。排放权是原生交易产品，或者称为基础交易产品。近年来，随着金融机构越来越多的介入，各种金融衍生产品也有了相当程度的发展。目前，主要的碳金融衍生产品包括：应收碳排放权的货币化、碳排放权交付保证、套利交易工具、保险/担保、与碳排放权挂钩的债券。此外，还有基于产业链过程的碳金融。比如，荷兰富通银行向企业提供融资和项目开发支持，以减少 CO_2 排放量。

（四）碳金融市场交易量

随着碳排放权类产品交易平台的建立，碳市场日益活跃。根据世界银行公布的报告，2008 年全球碳排放市场规模扩大至 1263 亿美元，远高于 2007 年的 630 亿美元，而较于 2005 年的 108 亿美元交易额增加了近 11 倍。从成交量来看，2008 年，在市场内约成交了 48 亿吨碳交易，较 2007 年的 30 亿吨增加了 61%，较 2005 年 7 亿吨增加了近 7 倍。

二　青岛市低碳城市重点项目的投融资体系中存在的问题

（一）低碳产业发展和项目建设面临巨额的资金需求

低碳城市发展不仅涉及的项目数量众多，而且涉及产业领域广泛。"十二五"期间，青岛市公布的与建设低碳城市有关的重点项目有 500 余个，涉及包括能源、城市基础设施、交通、现代服务业、生态环保和循环经济等领域。按照规划，这些项目总投资 5380 亿元，"十二五"期间需要的资金量为 4355 亿元，相当于 2010 年青岛市地区生产总值的 76.86%。

同时，从企业层面来讲，进入新兴的低碳产业领域或实施大规模的节能减排项目往往需要巨大的资金投入。而在原有产业领域内进行低碳产品研发到后续的原料采购和清洁能源采购、生产工艺改进、污染物和废弃物处置、市场推广等各个阶段同样离不开资金支持。如果仅依靠政府的资助和企业自有资金投入，根本无法满足项目建设和企业发展的需要。

（二）低碳项目的投融资工具较单一

多元化、多样化的投融资工具是获得充足资金的重要保障。而青岛市低碳项目的投资模式仍是"政府主导型"，没有形成多元化投资主体。尽管有些工业和服务业项目可以得到银行信贷资金，但总的来看投融资工具仍显单一，资金募集有限，难以满足低碳经济发展过程中大量的资金需求，存在较大的资金缺口。

投资银行、产业投资基金、创业投资基金等新型投资主体甚为鲜见。作为资金的供应方，青岛部分商业银行开展的绿色信贷也仅仅局限于对低碳企业放宽贷款条件或是给予企业一定的优惠贷款利率，而没有其他创新性信贷产品。创新性金融产品的严重缺失使银行等金融机构的融资作用无法充分发挥。

（三）低碳意识薄弱

从银行业来看，我国大多数商业银行的经营理念还未适应低碳经济发展的需要，青岛市的商业银行也不例外。银行的信贷部门对低碳项目的特征、管理模式、运作规律缺乏足够的了解，不敢轻易发放相关贷款。很多低碳项目属于基础设施项目，收益低，投资回收期长，低碳信贷的利益回报在短期内很难实现，而部分商业银行往往基于当前的短期回报进行信贷，顾虑风险较多。有些节能减排项目或新能源建设项目尽管收益较高，但也往往需要巨大的资金投入。庞大的资金需求量及潜在风险也使得某一家银行或者难以承担，或者不愿承担。同时，有些项目由于自身的特殊性，不能按照传统的项目信贷标准来评价确认，比如有些合同能源管理（EMC）项目本身规模较小或者项目实施方实力较弱，且项目收益滞后，信贷风险不言而喻，银行自然不愿意去盲目冒险。

（四）碳交易市场不成熟

随着碳交易市场规模的扩大，一些发达国家围绕碳排放权构建了包括直接投资融资、银行贷款、碳指标交易、碳期权期货等一系列金融工具为支撑的碳金融体系。而我国虽然有丰富的碳减排资源和极具潜力的碳交易市场，但碳金融的发展相对落后，缺乏成熟的碳交易制度、碳交易场所和碳交易平台，碳交易市场建设相对滞后。而青岛市金融机构对碳金融的价值、操作模式、交易规则等同样缺乏深入的了解，即使面对碳交易的机会有时也很难去把握。比如，国家发改委批准青岛胶南（现黄岛区）生活垃圾厌氧发酵沼气发电项目作为清洁发展机制项目引入的国外合作方为葡萄牙私人碳基金。[1] 这其中一个重

---

① 2011 年 1 月，国家发展改革委批准青岛胶南绿茵环保科技有限公司的青岛胶南生活垃圾厌氧发酵沼气发电项目作为清洁发展机制项目，预计年减排量为 98975 吨 CO_2。

要的原因是，国内缺乏相关低碳业务咨询、财务顾问等金融人才和碳市场运作经验。

（五）缺少配套政策与法规

现阶段，我国低碳经济的分类标准和运行、管理、考核体系尚未建立。青岛市虽已经制定了关于鼓励清洁生产和资源综合利用的政策法规，但与低碳经济发展要求相适应的地方法规尚未体系化，缺乏配套法规与实施细则。尤其是在投融资的环境方面，青岛市缺少有利于民间资本进入低碳产业领域、参与低碳城市建设方面的制度和政策。此外，在推动青岛市节能减排的地方政策法规中，很多政策法规的可操作性不强，缺乏高效、严格的执法措施。

（六）保险证券业的低碳发展未发挥作用

目前，国内的环境污染责任保险普遍采用自愿投保方式。由于逐利特征以及环境保护和保险意识缺乏，企业不愿承担投保成本，进而导致该险种有效需求不足。另外，由于项目环境风险不易有效分散，且在承保、防损、理赔上难度较高，保险公司开展此类业务成本较高，尤其当前投保基数较少、经营风险不可低估的情况下，保险公司往往处于"赔本赚吆喝"的境地。这就使青岛市各保险公司环境污染责任保险推广的动力不足。另外，从青岛市已有的低碳项目的资金来源看，大多通过外资引进、银行贷款等渠道进行融资，通过资本市场融资的还受到诸多限制。

三　完善青岛市低碳产业投融资机制建设的对策

（一）鼓励金融机构创新完善碳金融产品

政府应完善投资机制，增加投入并出台鼓励税收和补贴等优惠政策，支持企业加大对低碳项目的自主投资，支持金融机构在碳金融方面的业务参与和业务创新。对于符合低碳经济要求的企业优先协助上市。鼓励机构投资者参与 CDM 市场，发挥私募股权基金（PE）低碳产业项目的作用。

继续完善"绿色信贷"机制，强化低碳信贷业务。目前，节能减排、可再生能源及其他应对、减缓气候变化的相关金融业务基本与其他环境金融信贷业务混在一起管理。为增强金融部门对低碳发展的支持力度和效果，有必要进行分类管理。此外，还要开发、创新金融服务产品，强化对低碳技术项目和企业的授信支持，扩大低碳授信规模。保险业和证券业等其他非银行金融机构也需积极创新保险和证券业务，支持低碳经济和低碳城市的发展。

（二）引导金融机构树立低碳意识

为强化政府对低碳经济的引导和支持，青岛市可引导金融机构按照能耗标准安排银行贷款的走向。对不满足行业最低能耗标准的企业贷款需求，实行一票否决机制；满足行业能耗标准的企业贷款需求，由银行按照盈利、风险等市场标准自主筛选予以满足。通过能耗标准，引导金融资源流向行业内能耗比低的先进技术企业，从而实现整体经济向低碳经济的过渡。对于绿色信贷实施单独的额度管理，引导信贷资源流向低碳项目。

组织青岛市金融机构参与各类碳市场业务培训，培养储备相关专业人才，鼓励与国际金融机构合作并学习其开展国际碳排放权交易业务的实战经验，为未来参与国内外碳市场竞争打好基础。

（三）设立地方性的低碳基金

借鉴英国碳信托经验，出资设立青岛市低碳基金，为本地主要耗能和排放企业提供节碳、节能和节约成本的技术和管理指导服务；利用"投资—节约"机制，对达到减碳标准的企业低碳项目提供优惠融资服务；为前景预期良好的低碳技术提供风险投资或种子资金。对低碳资金的配置、使用、监管要进行科学合理的设计，以保障资金的使用效率。通过低碳基金的设立和投入使用，带动全社会低碳融资。

借鉴英国节能信托基金经验，设立青岛市家庭社区节能基金。基金资金来源可以多元化。基金服务对象主要面向普通家庭、社区和个人，服务目标是促进广大居民、家庭和社区采取节能减排行动，实现低碳生活和低碳消费。

（四）搭建低碳金融的对接平台，完善信用担保体系

青岛市可利用交易会、博览会等各种形式和机会为本地及其他地区的低碳技术、项目和企业提供与国内外银行等金融机构、风险投资机构直接对接的投融资平台，为资金供求双方直接接触、洽谈创造条

件，提高低碳融资效率。

　　依托青岛市政府，建立一种长期、有效、稳定的融资担保机制。同时，还应该完善全社会对合同能源管理项目的信用担保体系，建立和完善信用担保机构风险控制和补偿机制，采取多种形式增强担保机构资本实力，提高担保能力和抗风险能力。

第七章　青岛市低碳城市发展支持保障体系

第一节　青岛市节能减排统计、监测和
考核体系的框架设计

一　青岛市节能减排统计、监测和考核体系的基本框架

要衡量节能减排的效果，实现节能减排的目标，必须建立节能减排统计、监测和考核体系。青岛市节能减排统计、监测和考核体系基本框架包括职能部门、方法手段、制度方案和实施推进四个部分（见图7-1）。

青岛市节能减排统计、监测和考核体系设计的职能单位为青岛市发展和改革委员会、青岛市统计局、青岛市环境保护局。

青岛市节能减排统计、监测和考核的方法手段主要是基于统计调查基础上的目标管理方法。即针对节能减排统计、监测和考核的各环节建立相应的办法，比如针对主要污染物排放的统计、监测和考核建立《主要污染物总量减排统计办法》《主要污染物总量减排监测办法》《主要污染物总量减排考核办法》等相应办法。

青岛市节能减排统计、监测和考核的制度方案主要是对节能减排统计、监测和考核工作内容、所需准备工作、应注意的问题作出规定。

节能减排是一项覆盖全社会，涉及政府多个职能部门的工作。因此，青岛市节能减排统计、监测和考核的实施推进不仅要做好监督、教育培训工作，更要强化多个部门间的协作与沟通，同时还要积极开展宣传活动。

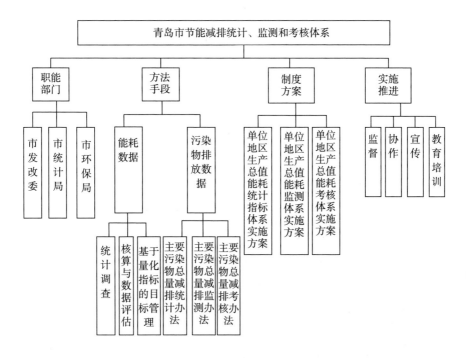

图 7 - 1　青岛市节能减排统计、监测和考核体系框架

二　青岛市节能减排统计体系设计

青岛市节能减排统计体系是从能源生产、流通和消费三个方面入手，根据青岛市能源生产与消费的特点以及国民经济各行业的能耗特点，建立健全以全面调查、抽样调查、重点调查等各种调查方法相结合的能源统计调查体系（见图 7 - 2）。

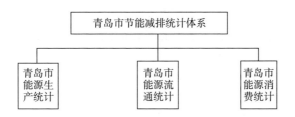

图 7 - 2　青岛市节能减排统计体系框架

（一）青岛市能源生产统计

青岛市本地无化石能源，本地所生产的能源产品主要是二次能源和少量可再生能源。因此，对于青岛市而言，能源生产统计主要涉及电力、成品油、液化石油气、煤制气等二次能源的生产。

在现有规模以上工业企业能源产品产量统计制度基础上，增加能源核算所需要能源产品的中小类统计目录。同时，建立规模以下工业企业电力等能源产品产量统计制度和可再生能源生产量的统计制度。

（二）青岛市能源流通统计

以能源市际、区市际流入与流出统计为重点建立健全能源流通统计。能源流通统计主要涉及煤炭、石油（包括原油和油品）、电力、天然气等。

1. 煤炭

煤炭流通统计应将青岛市全部煤炭流通企业全部纳入。煤炭销售量统计不仅限于青岛市与外地区市际煤炭流通，还要区分出青岛市辖区内不同区市之间分地区煤炭销售量。

2. 石油

石油产品的流通统计主要包括原油和油品。

工业企业原油购进量从工业企业季度能源消费统计报表取得，进口量、出口量数据从海关进出口统计取得。

成品油市际间流入与流出量通过建立"批发与零售企业能源商品购进、销售与库存"统计制度取得。

3. 天然气

市际天然气流入与流出量分别由天然气供应公司的管理机构提供。

4. 电力

电力的调入调出量通过国家电网青岛公司报表取得。

（三）青岛市能源消费统计

完善现有规模以上工业企业能源购进、消费、库存、加工转换统计调查制度，增加可再生能源、低热值燃料、工业废料等调查目录，增加余热余能回收利用统计指标。采用抽样调查方式建立规模以下工业企业和个体工业能源消费统计。将生物质能、水能、风能、太阳能、地热等新能源、可再生能源的消费纳入统计。

青岛市能源消费统计涉及国民经济各行业以及居民生活等领域。

1. 农林牧渔业生产单位

采取重点调查方式，对从事农林牧渔生产经营活动的法人单位煤炭、汽油、柴油、燃料油、电力等消费量进行统计。

2. 第二产业

第二产业包括工业与建筑行业。

工业能源消费统计依托于青岛市原有的能源统计报表制度，按照分类采取月报、季报、年报的形式。

建筑业采取普查年份全面调查、非普查年份根据有关资料进行推算与重点调查相结合的方法，取得建筑业能源消费数据。

3. 第三产业能源消费

第三产业涉及范围广泛，单位数量众多，需要针对不同行业、不同经营类型企业的能源消费特点，采取不同的调查方法，进行统计调查。

耗能较大的餐饮业分规模建立全面调查或重点调查统计制度。餐饮业单位数量多、分布面广、能源消费品种较多、调查难度大，将其分为限额以上和限额以下两部分进行调查。对限额以上餐饮企业（从业人员40人以上，年营业额200万元以上）实行全面调查，全面建立煤炭、煤气、天然气、液化石油气、电力等能源消费量统计调查制度。对限额以下餐饮企业实行重点调查，取得样本企业单位营业额和能源消费量数据，按照限额以下餐饮业营业额资料推算其全部能源消费量。

交通运输行业按照不同运输方式建立相应的调查制度。青岛市主要涉及公路运输、水上运输和港口。

建立《青岛市公路、水路运输和港口能源消费统计报表制度》，对从事营业性公路、水上运输的重点企业和港口采用全面调查的形式。对从事公路、水上运输的个体专业运输户实施典型调查，按照单车（单船）年均收入耗油量或单位客货周转量耗油量、交通运输管理部门登记的车（船）数量，推算其能源消费总量。

4. 青岛市居民生活能源消费统计

青岛市居民生活能源消费统计包括城镇居民生活用能和农村居民生活用能。

青岛市居民生活能源消费统计采用抽样调查方式，调查居民的煤炭、汽油、柴油、城市煤气、天然气、液化石油气、电力消费量。

此外，还应单独统计农村居民生活中薪柴秸秆、沼气等可再生能源的使用量。

5. 青岛市公共建筑物的能源消费统计

在《青岛市公共机构能源资源消耗统计实施方案》的基础上，编制《青岛市公共建筑能源资源消耗统计实施方案》，将建筑物能耗统计范围扩展至饭店、宾馆、商厦、写字楼、机关、学校、医院等单位的大型建筑物，由青岛市建委与统计局一起进行统计。

6. 青岛市能源利用效率统计

青岛市能源利用效率统计主要是指单位产品能耗、单位业务量能耗统计。2010 年，青岛市日常节能监察重点为电力、热力、钢铁、化工、建材等高耗能行业的 50 家工业企业，并建立了 32 种重点耗能产品能耗统计调查制度。而且，青岛市已经将年耗能 5000 吨标准煤以上的工业企业纳入日常节能监察范围。下一步，应将统计范围逐步扩大到规模以上工业企业，并逐步增加耗能产品的统计品种。

7. 青岛市新能源、可再生能源消费统计

为适应未来碳排放与碳减排统计的需要，应尽快制定适合青岛市的新能源、可再生能源消费的统计标准、统计指标和统计调查制度，将新能源、可再生能源的利用完整地纳入正常能源统计调查体系。

三 青岛市节能减排监测体系设计

青岛市节能减排监测体系是从节能减排进展情况的监测和节能减排统计数据质量的监测与审核两个方面，对青岛市各项能耗指标的数据质量实施全面监测，评估各地、各重点企业能耗数据质量，客观、公正、科学地评价节能降耗工作进展。其基本框架如图 7 - 3 所示。

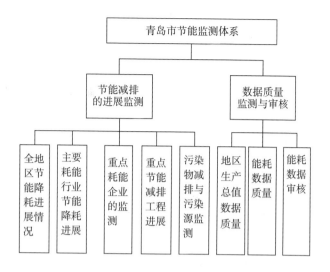

图7-3　青岛市节能减排监测体系框架

（一）青岛市节能减排进展情况监测

1. 对全地区节能降耗情况监测

主要是借助单位地区生产总值能耗、单位工业增加值能耗、单位地区生产总值电耗及其降低率等指标对整个青岛市以及辖区内各区市节能降耗情况进行监测。同时，统计测算单位产品能耗、重点耗能产品产量及其增长速度、重点耗能行业产值及其增长速度。

2. 对主要耗能行业节能降耗情况监测

主要是借助单位增加值能耗、单位产品能耗等指标对青岛市的钢铁、建材、石油、化工、火力发电、纺织等主要耗能行业的能耗进行检测。

3. 对重点耗能企业的监测

主要是借助单位产品能耗、能源加工转换效率、节能降耗投资等指标对青岛市年耗能5000吨标准煤以上的企业进行监测。

4. 重点节能减排工程监测

主要是借助资源循环利用指标、节能量、污染物减排量等指标，对青岛市资源循环利用、重点节能、重点减排工程进行检测。

5. 污染物减排与污染源监测

污染源监测工作采用污染源自动监测和污染源监督性监测（包括手工监测和实验室比对监测），主要是掌握污染源排放污染物的种类、浓度和数量。污染源 COD 和 SO_2 排放量的监测技术采用自动监测技术与污染源监督性监测技术相结合的方式。

污染物排放量和减排量是以污染源监测数据为基础，统一采集、核定、统计污染源排污量数据，根据污染物排放浓度和流量计算污染物排放量以及进行减排量的比较。

（二）青岛市节能减排数据质量监测

1. 对地区生产总值的监测

借助地区财政收入占地区生产总值的比重、地区各项税收占第二和第三产业增加值之和的比重、地区城乡居民储蓄存款增加额占地区生产总值的比重等指标检验地区生产总值总量是否正常。

借助地区各项税收增长速度、地区各项贷款增长速度、地区城镇居民家庭人均可支配收入增长速度、地区农村居民家庭人均纯收入增长速度等指标检验现价地区生产总值增长速度是否正常。

借助地区第三产业税收占全部税收的比重、地区第三产业税收收入增长速度等指标检验第三产业增加值是否正常。

2. 对能源消费总量的监测

借助电力消费占终端能源消费的比重指标监测终端能源消费量是否正常；借助规模以上工业能源消费占地区能源消费总量的比重指标监测地区能源消费总量是否正常；借助三次产业、行业能源消费增长速度、工业增加值增长速度等指标监测各次产业、行业能源消费量增长速度与增加值增长速度是否相衔接。

3. 能耗数据审核

能耗数据审核可采用以下四种方法：第一，利用相关指标之间逻辑关系和内在联系，选取适当的基准指标，分析判断报表中各类数据的合理性、准确性。第二，将报告期与历史同期数据进行比较，依据数据动态趋势、水平变化情况对数据准确度做出基本判断。第三，利用平均值指标进行对比。第四，定期或不定期组织实地抽查，将统计单位报送的能耗数据与其能耗台账和财务票据进行核对。

四　青岛市节能减排考核体系设计

青岛市节能减排考核体系是从节能减排考核内容、方法、实施、奖惩措施四个方面，健全节能减排目标责任评价、考核和奖惩制度，充分发挥节能减排政策的引导作用（见图7-4）。

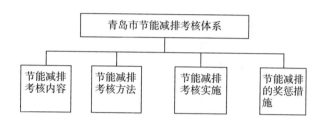

图7-4　青岛市节能减排考核体系框架

（一）青岛市节能减排考核内容

节能方面考核内容主要包括区市、重点企业节能目标完成情况和落实节能措施情况。

减排方面的考核内容主要包括污染物总量减排目标完成情况，环境质量变化情况，主要污染物总量减排指标体系、监测体系和考核体系的建设和运行情况，各项主要污染物总量减排措施的落实情况。主要污染物除原规定的 COD 和 SO_2 外，今后应逐步加入 NO_x、温室气体和可吸入颗粒物。

（二）青岛市节能减排考核方法

青岛市节能减排考核采用量化办法。设置节能减排目标完成指标和节能减排措施落实指标，满分为 100 分。节能减排目标完成指标为定量考核指标，计算目标完成率进行评分，超额完成指标的适当加分。节能减排措施落实指标为定性考核指标，是对各地区、各重点耗能企业落实节能措施情况进行评分。

对主要污染物总量减排考核采用现场核查和重点抽查相结合的方式进行。

（三）考核实施

1. 考核组织

青岛市政府成立节能减排考核领导小组，由分管副市长任组长，成员由市委组织部、市发改委、市经信委、市教育局、市统计局、市科技局、市财政局、市人事局、市建委、市文广新局、市卫生局、市水利与渔业局、市环保局、市质监局、市考核办、市节能办等部门负责人组成领导小组，办公室设在市发改委，负责对区市政府、高新区管委会和市属及以上重点用能企业的考核，对市属以下重点用能企业的考核，由区市、高新区节能行政主管部门负责组织，同时将考核结果报市节能减排考核领导小组办公室备案，市节能减排考核领导小组办公室对考核结果进行抽查。

2. 考核过程

每年年初，各区市政府、高新区管委会、重点用能企业对上年度节能工作进展情况和节能目标完成情况进行自查，在此基础上由青岛市节能减排考核领导小组办公室组织评估核查。

（四）奖惩措施

对各区市节能减排目标责任评价考核结果经市政府审定后，作为对区市政府领导班子和领导干部综合考核评价的重要依据，实行问责制和"一票否决"制。对完成和超额完成考核目标的区市和企业进行物质奖励和精神奖励。对未完成考核的区市，在限期整改的同时，领导干部不得参加年度评奖、授予荣誉称号等，暂停对该地区新建高耗能项目的核准和审批。对未完成考核目标的企业，予以通报批评，在限期整改的同时，不给予相关扶优措施，对其新建高耗能投资项目和新增工业用地暂停核准和审批。

第二节　青岛市低碳发展的保障措施

一　创新节能减排的管理体制

（一）建立统一协调的决策机制

建立以发改委牵头、多部门参与的低碳经济管理组织架构。由发改委安排专门部门负责青岛市低碳经济发展的规划、推进、管理工作，借助低碳经济管理组织在政府各部门之间建立有效的协调和决策机制，同时建立低碳经济与蓝色经济共同发展的协同机制，实现二者在规划、相关产业、政策等方面的同步性。

（二）建立温室气体排放数据统计和管理体系

遵循"完整、客观、简单、可行"的原则，按照温室气体减排"可核查、可报告、可测量"的要求，根据国家及省级温室气体管理体系标准，明确测量温室气体排放的工具，建立符合低碳发展要求的温室气体核算方法体系，制定数据信息记录的质量控制和核查流程，实现温室气体信息共享与反馈，并将其纳入节能减排统计、监测和考核体系。

（三）探索控制温室气体排放的目标责任制

在温室气体排放数据统计和管理体系基础上，探索建立和实施控制温室气体排放的目标责任制。将"十二五"确定的碳强度下降约束性指标分解落实到各区市，测算制定各区市年度碳强度计划指标，并逐步纳入国民经济和社会发展年度指标体系。结合温室气体排放的核查情况，进一步将温室气体排放指标细化到重点耗能企业和项目，做到责任明确，目标清晰。

（四）完善节能减排目标分解机制

控制温室气体排放与节能减排的总目标是一致的，温室气体排放的统计、监测、核查也是建立在节能减排管理体系基础之上的。因此，有必要完善现有的节能减排管理体系，特别是节能减排目标分解机制，从产业领域、重点区域、重点污染源、重点企业、地方法规、行政执法、工作机制等方面入手，细化节能减排目标，将温室气体排放控制的相关指标和任务纳入其中，并将其层层分解落实到各区县、各市级相关行业主管部门和重点用能单位。

二　完善支持低碳发展的配套政策

（一）加快老城区企业搬迁，促进产业转型升级

依托青岛市工业布局调整，制定优惠搬迁政策，引导老城区企业迁出市区并向相关工业园区集聚。通过搬迁实现企业技术改造，进而

带动青岛市的产业升级。对于市区的腾空土地，要以大力发展现代服务业和高新技术产业为核心，以发展高端产业为目标。特别是以青岛市的科技创新资源为依托，创立具有青岛特色的、对相关产业体系具有控制力的高端制造业和研发型企业。

（二）完善节能减排财政政策

制定和完善支持节约型社会建设的财政政策，实施财政优惠政策。将节能减排资金纳入同级财政预算，加大年度预算保障力度。对开展节能减排、发展循环经济的企业，加大扶持力度，在财政政策等方面实行优惠政策。比如，加大对环境保护等部门年度预算保障力度，确保相关部门顺利推进节能减排工作。对符合国家产业政策、有利于节能减排的产业结构调整项目给予贴息入股支持，在企业偿还贷款后，政府贴息入股的资金再退出并改投其他需要扶持的企业，以提高政府资金的带动效应。

（三）继续推进产业振兴，优化产业结构

落实国家产业调整振兴规划，优先发展先进制造业、高技术产业和服务业，着力发展精加工和高端产品，鼓励低能耗、高附加值、市场前景好的产品生产。经济管理部门严控高耗能、高排放项目审批，严格执行节能评估审查。对落后产能实行节能预警调控，加强淘汰落后产能重点领域投资项目审核管理，从严把好企业技术改造项目审核关，并采取有力措施坚决遏制违规建设行为。环保部门严格执行环保准入制度，从源头上控制污染。

（四）用好相关税收优惠措施

强化税收政策对发展低碳经济的激励和约束作用。充分利用税收杠杆，鼓励节能减排。对低碳企业或产业实施优惠税率，特别是对低碳技术研发和低碳产品生产企业实施税收优惠，对高耗能、高污染企业征收高税率，对发展循环经济、推行清洁生产等成绩显著的企业给予税收减免等政策优惠。对低碳企业或产业进行的投资给予退税的优惠政策，从而吸引更多国内外资金投入低碳产业等，从而鼓励低能耗、低污染、低排放和高附加值低碳产业的发展壮大。

三　建立促进低碳发展的投融资机制

（一）设立低碳产业投资基金

支持低碳经济的发展，需要政府部门、相关企业和金融机构的共同努力。设立青岛市低碳产业投资基金，专项用以支持低碳产业发展，由市政府或所属企业引导性出资，联合金融投资机构，以私募方式发起设立低碳产业投资基金，开展市场化运作。在控制风险的前提下，通过对投资项目的筛选、价值评估、投资决策和投资管理，在促进低碳产业发展中谋求基金收益的最大化，最终通过资本市场或并购方式择机退出。

（二）构建青岛市碳交易平台

在对青岛市温室气体排放量统计核查、排放权分配确定的基础上，研究保障碳交易正常进行所需的配套措施和条件、碳排放交易标准和碳交易规则、碳交易市场体系管理模式和运作模式等问题，构建青岛市碳交易平台，建立区域碳交易市场，组织本地企业进场交易，并吸引其他地区乃至国外的企业和机构参与交易。

（三）创新碳金融产品

商业银行是企业融资的主要渠道，青岛市应鼓励本地银行创新开发为低碳经济服务的金融衍生产品。从直接的贷款入手，引导银行建立符合青岛实际的低碳项目、商品评价程序和评价标准，并根据国家、山东省、青岛市的产业政策、行业准入政策和环保政策等制定项目融资制度。充分发挥其他传统融资渠道优势，将包括债券、信托、融资租赁以及资产证券化在内的金融产品创新应用于低碳经济领域。

四　推进低碳技术创新活动

（一）建立低碳技术创新体系

建立由政府主导、以企业为主体、产学研相结合的低碳技术创新与成果转化体系，搭建技术共同开发、成果共同享用的节能减排科技创新平台。充分利用中科院可再生能源所、中国海洋大学、中国石油大学、青岛科技大学等驻青科研院所的国家工程实验室、技术创新研发基地，组织低碳技术研发，为低碳经济发展和节能减排工作的开展提供技术支撑。

（二）搭建低碳技术服务体系

推进政府、企业、科研院所合作，组建低碳技术产学研联盟，实现对创新资源的整合、共享和完善，通过建立共享机制，逐步做到资源有效利用，并在此基础上建立低碳公共技术服务平台，向社会提供节能、环保、新能源等低碳项目的评估、设计、研发、运行、管理等全方位服务，促进低碳技术的产业化。同时，成立国家级的低碳产业研发中心，以发展清洁能源为重点，推进低碳技术开发与应用，开展低碳发展的前瞻研究。

（三）鼓励低碳技术的应用推广

积极推广可再生能源和新能源技术，在有条件的企业或单位中，建设可再生能源和新能源示范工程，鼓励中小企业对现有设备工艺进行节能、环保改造。此外，青岛市应利用自身的地理及环境优势，对太阳能、风能、生物质能等绿色能源和可再生能源进行积极、合理的开发和利用。

五　加强低碳人才队伍建设

（一）健全低碳技术创新人才激励机制

低碳技术多属于高新技术，因此，结合青岛市创新人才管理体系建设，健全低碳技术创新人才的优惠政策体系、激励机制和评价体系，完善人才、智力、项目相结合的柔性引进机制。落实国家关于推进科技进步和技术创新的各项政策，将培养和引进低碳技术高层次人才作为对各级政府和部门考核的重要内容，培养和扶持若干个能够对重大科学问题、应用技术问题进行学科交叉研究的创新团队。

（二）大力实施人才素质提升工程

在企业中实施有关低碳理论和知识的人才培训计划，重点推进针对中小企业的个性化培训。依托企业服务平台和高等院校，根据企业不同层次和岗位的需求，分别开展企业家、中高层管理人员、专业技术人员的相关培训。有计划、分层次地开展中小企业合同能源管理、清洁生产、能源审计等节能减排系列专题培训。

（三）加强低碳科技领域的人才培养

针对低碳科技人才发展的现状与缺口，制定产学研相结合的人才培养规划，促进高层次人才培养与产学研合作互动融合。引导高校关注地方经济和社会发展需求，优化研究生培养模式，加强自然科学与社会科学的结合，培养交叉型的低碳技术高层次人才。

围绕未来产业发展的重点，整合现有职业教育资源，针对不同区市的需求，紧密跟踪低碳技术的发展趋势，开展菜单式的职业技术教育，培养一批基础知识扎实、动手能力强、操作熟练的技术工人。

六　强化宣传引导和对外交流

（一）开展低碳宣传活动，倡导低碳文化

借助报纸、电视、互联网等新闻媒体，或通过在单位、社区等公众场所举办低碳知识讲座、低碳培训班等形式，普及低碳知识，开展生态文明理念和绿色消费生活方式的宣传，强化市民节约资源、保护环境的意识，引导公众行为方式向低碳消费转型。

在企业、学校、机关单位中倡导低碳思维模式、生产观念、生活观念和消费观念，通过宣传和教育的手段不断提高组织成员的低碳意识，引导他们将低碳理念贯穿于组织运行的全过程，纳入组织文化之中。

（二）开展低碳方面的区域合作

开展与国内先进地区之间低碳城市建设的经验交流，进行碳金融、碳排放交易、低碳项目的合作。积极与周边地区进行低碳方面的交流，实现地市之间低碳规划的有机衔接，打造跨地区的低碳经济产业链条，为企业创造宽松的协作环境。建立具有决策系统、执行系统、监测系统和咨询系统的综合性半岛地区生态环境合作机制，巩固节能减排的成果。

（三）争取更多的国际交流与合作

积极开展国际交流与合作，吸引国外的先进技术、资金和人才。利用清洁发展机制平台，在化工、冶金、建材等高能耗行业以及能源建设、森林保护和人工造林等领域中，积极支持企业及相关机构开发清洁发展机制项目，引入国外资金，扩大技术交流范围，有效消化、吸收并创造性地利用国外先进的低碳技术和应对气候变化技术。努力创造条件，支持和鼓励本地科研人员参与国际和国内有关气候变化的科研活动，争取更广泛的国际合作。

第八章 案例分析：低碳产业园区建设

第一节 新建园区的低碳化之路：中德生态园

一 中德生态园低碳试点的基础

（一）中德生态园概况

1. 地理位置

中德生态园是中德两国政府间的可持续发展示范合作项目，是中德两国合作建设的第一个生态智能园区。它位于胶州湾西岸，青岛经济技术开发区北部，北侧为开发区北部产业新城，南侧为国际生态智慧城。

2. 气候条件

中德生态园气候属暖温带半湿润季风气候。全年 8 月最热，平均气温 25.1℃；1 月最冷，平均气温 – 1.2℃。日最高气温高于 30℃ 的日数，年平均为 11.4 天；日最低气温低于 –5℃ 的日数，年平均为 22 天。年均降水量为 775.6 毫米，春、夏、秋、冬四季雨量分别占全年降水量的 14%、57%、22%、7%。年平均降雪日数只有 10 天。园区所在地域无地震、风暴潮等灾害历史记录。

3. 土地资源

中德生态园建设用地大部分为丘陵山地，植被茂盛，水资源丰富，区内有河洛埠水库和山王西水库。周边可开发利用的土地资源丰富，土地建设开发条件良好，这为中德生态园的规模拓展提供了广阔的发展空间。周边风能、太阳能、海洋能开发潜力巨大。

4. 交通条件

中德生态园距青岛流亭国际空港 30 千米，距青岛市行政商务中心 40 千米，通过胶州湾海底隧道或跨海大桥可直达青岛中心城区；与跨海大桥相连的青兰高速公路从园区内直接穿过，周边还有同三高速和胶州湾环湾高速公路，陆路交通十分便利；此外，园区周边还有前湾港和董家口港两个亿吨级大港，港口吞吐能力巨大。

5. 产业配套

中德生态园所在的青岛经济技术开发区是中国最具实力的经济技术开发区之一，也是山东半岛国家级园区数量最多、功能最全和政策最集中的区域。辖区内的西海岸出口加工区、高新技术产业开发试验区、青岛前湾保税港区、家电电子产业园区都属于国家级一类园区。目前已形成家电电子、石油化工、汽车制造、船舶修造、海洋工程、港口物流六大产业集群，各种产业配套设施完善。

（二）中德生态园建设现状

1. 筹备阶段

中德生态园区建设肇始于 2009 年 2 月，商务部中国贸易投资促进团访问德国期间，与德经济部会谈时，提出在中国国家级经济技术开发区建立中德企业生态园区，以推动两国中小企业在节能环保领域开展交流与合作。

2010 年 7 月 16 日，德国总理默克尔访华，商务部与德国经济和技术部签署了《关于共同支持建立中德生态园的谅解备忘录》，双方确定"支持在中国青岛经济技术开发区内合作建立'中德生态园'"。此后，中德生态园开始进入执行操作阶段。

2010 年 9 月 9 日，青岛市人民政府成立了青岛经济技术开发区中德生态园工作协调领导小组，以加快"青岛经济技术开发区中德生态园"建设进度。

2011 年 1 月初，国务院正式批复我国第一个以海洋经济为主题的区域发展战略——《山东半岛蓝色经济区发展规划》。该规划明确提出："加强海洋经济交流与合作，建立多种形式的合作交流机制，加快推进青岛中德生态园建设。"

随后，山东省人民政府以鲁政发〔2011〕5号印发了《山东半岛蓝色经济区改革发展试点工作方案》（以下简称《方案》），把"加快推进青岛中德生态园建设"作为"探索建立海洋经济对外开放新模式，提升开放型海洋经济发展水平"的重点试点内容之一，提出：到2013年"全面启动青岛中德生态园建设"，到2015年"青岛中德生态园建设初具规模"。

2011年5月，青岛市人民政府办公厅下发了《关于印发青岛市蓝色经济区改革发展试点工作实施方案（试行）的通知》（青政办字〔2011〕54号，以下简称《试行方案》），《试行方案》提出"面向世界创新利用外资方式，加快推进青岛中德生态园建设"，并制定了中德生态园规划建设的具体推进措施和工作进度表。

2011年6月，德国GMP建筑设计有限公司开始设计中德生态园概念性规划，并于2011年11月在青岛经济技术开发区通过了专家评审。

2. 建设启动阶段

2011年12月6日，青岛经济技术开发区管委会召开了中德生态园信息发布会。在发布会上，德国GMP建筑设计公司发布了中德生态园概念性规划，德国东源公司做了中德生态园招商推介，中德生态园发展有限公司做了合资公司合作推介。会后，举行了中德生态园奠基仪式。

2012年4月，中德生态园在汉诺威2012工业博览会会议中心举办了专场推介会。园区进入正式招商阶段。7月，中德生态园管理委员会与德国赫斯特工业园签署合作协议，11月，德国汉斯·赛德尔基金会青岛中德生态园培训基地在青岛开发区举行了签约暨揭牌仪式。

（三）中德生态园低碳园区建设的SWOT分析

1. 优势

（1）扎实的经济基础。

青岛不仅是我国最早的沿海开放城市之一，还是山东半岛蓝色经济区的"龙头城市"和山东半岛高端产业的核心区。2012年青岛市地区生产总值达到7302.11亿元，同比增长10.6%，三次产业比例为

4.4∶46.6∶49.0，第三产业生产总值超过第二产业170多亿元。青岛
市经济社会的稳定发展为中德生态园的建设奠定了扎实的经济基础。

（2）多元的对外交流渠道。

截至2013年7月，青岛市已与世界60个城市结成国际友好合作
关系，与5个城市缔结经济合作伙伴关系，与巴西里约热内卢、俄罗
斯圣彼得堡、印度孟买、南非德班建立金砖国家伙伴城市关系。外国
地方政府和海外企业驻青机构累计达到2100家，日本、韩国在青岛
设立总领馆，泰国驻青总领馆即将开设，新加坡以及德国巴伐利亚
州、澳大利亚南澳州、法国卢瓦尔大区等在青岛市设立经贸代表处10
多个。多形式的交流渠道为未来中德生态园对外合作提供了稳定的
平台。

（3）坚实的工业基础。

中德生态园所处的青岛西海岸经济新区①是《山东半岛蓝色经济
区发展规划》明确建设的新区，也是国家海洋经济发展战略重要的组
成部分。2012年青岛西海岸经济新区完成地区生产总值2091亿元，
同比增长14%，比青岛市高出4个百分点，其第二产业比重为
59.0%，并已形成家电电子、石油化工、汽车及零部件、船舶及海洋
工程等产业集群。中德生态园周边（118平方千米内）现已集聚各类
企业140余家，其中规模以上工业企业100余家，营业额过5000万
元的有57家，营业额过亿元的有38家。周边区域的工业经济规模大
约占青岛经济技术开发区工业经济的1/3。

（4）丰富的可再生能源资源。

据测定青岛经济技术开发区有效风能密度为240.3瓦/平方米，
有效风能年平均时间达6485小时。青岛经济技术开发区年平均日照
时数为2550.7小时，在每平方米面积上一年接受的太阳辐射总量为
5016—5852兆焦，相当于170—200千克标准煤燃烧所发出的热量，
为中国太阳能资源的中等类型区。此外，青岛西海岸经济新区海洋能

---

① 西海岸经济新区包括黄岛区（2012年12月1日调整后的）全域，即青岛经济技术
开发区和原胶南市。

资源也十分丰富，海洋能综合开发示范工程已在斋堂岛开工建设。

2. 劣势

（1）能源消费以煤为主。

青岛市是一个能源输入型城市，煤炭消费在能源消费总量中占40%以上的比重，而中德生态园所在的开发区更是典型的以煤为主的能源消费结构。2009年，开发区煤炭消耗量占全市煤炭消耗量的40%。这种大量消耗化石能源的能源结构导致 SO_2、NO_x 排放量大。

（2）第三产业比例偏低。

近年来，尽管中德生态园所在的西海岸经济新区第三产业保持着较为稳定的增长，但第三产业在经济总量中占比较低，2012年仅为36%，低于青岛市和全国平均水平，其中低于青岛市约13个百分点，低于全国平均水平约8个百分点。第三产业发展相对滞后，尚不足以支撑未来经济和社会发展，产业结构有待调整。

（3）资源约束加大。

目前，中德生态园所在的西海岸经济新区正进入工业化中后期发展阶段，重化工产业体系逐渐完善，产业链的延伸对周边土地、水等需求的增长给资源供应带来巨大的压力。该区域人均水资源量不足400立方米，可利用水资源少，产业发展用水与居民生活用水之间的矛盾突出。可开发利用的土地逐年减少，成为制约产业发展的一大瓶颈，而过去粗放式土地利用模式又进一步加剧了用地矛盾。

（4）交通网络不完善。

青岛港西移至前湾港及即将建成的南港区将带来大量疏港运输车辆，城市交通与疏港交通相互干扰矛盾突出。由于缺乏必要的分流立交桥或高架桥，疏港道路与城市主干道交通堵塞问题日益严重。这不仅无法满足及时、快速地道路疏运要求，还影响了开发区的南、北城区一体化。此外，对外交通道路已处于超饱和状态，急需增加对外交通疏导道路。

3. 机会

（1）经济发展方式开始转变。

我国"十二五"规划纲领明确提出了要坚持以加快转变经济发展

方式为主线，并把经济结构战略性调整作为加快转变经济发展方式的主攻方向。党的十八大报告再次强调，以科学发展为主题，以加快转变经济发展方式为主线，是关系我国发展全局的战略抉择。这为中德生态园的建设发展指明了方向。

（2）国际高端制造业产业转移。

2008 年全球金融危机以后，全球范围内开始了新一轮的产业转移趋势。此次产业转移在结构上呈现出重化工化、深加工化和信息化的特点，转移的重心也开始由原材料工业向加工工业、由初级产品工业向高附加值工业、由传统工业向新兴工业、由劳动密集型产业向资本和技术密集型产业转变。这为作为国际产业转移承接地的中德生态园承接高层次、高附加值和高技术含量的产业提供了可能。

（3）蓝色经济成为新的增长点。

建设蓝色经济示范区，发展涉海产业，创新海洋经济发展模式，是青岛市推进经济发展方式转变的重大举措。中德生态园的开发与建设不仅是蓝色经济区发展规划的重要组成部分，也是青岛市"探索建立海洋经济对外开放新模式、提升开放型海洋经济发展水平"的重点试点内容之一。

（4）西海岸经济新区建设加速。

作为青岛市重点打造蓝色经济示范区，青岛西海岸经济新区将成为青岛区域经济发展新的增长极，承担着创新海陆统筹机制，提升区域资源配置效率和要素集聚功能的任务。要完成"再造一个青岛经济总量"的发展目标，必须要有园区、项目的支撑。中德生态园是海洋经济国际合作示范区的重要载体。青岛西海岸经济新区的加速发展为中德生态园建设提供了广阔的发展空间。

4. 威胁

（1）金融危机的影响尚未消除。

席卷全球的金融危机仍在继续，全球经济复苏脚步的放缓对青岛市产品出口、国际航运等外向型经济影响很大。对外贸易增长放缓，2012 年青岛市对传统市场出口下降 0.6%，其中：对欧盟出口下降 4.4%，对美国出口下降 0.9%。未来受人民币升值压力、美日等经济增长乏力的影响，外需不振的问题将长期存在。

（2）节能减排增大。

未来青岛新海岸经济新区将有一批重化工工业项目投产。这些项目能耗高，不可避免地加重了本地区污染物排放。在节能减排约束性指标的考核压力下，项目引进过程中低碳、环保等方面的要求必然要提高。这将会对中德生态园在引进项目性质、产业领域选择等方面造成影响。

（3）其他城市的竞争。

国家发改委于 2012 年确定了第二批共计 29 个低碳试点省区和低碳城市。这其中，既包括东部沿海城市如苏州、宁波、青岛，也包括中西部内陆城市。这些城市大多规划建设了低碳生态园区，在承接国际产业转移项目时，这些城市的低碳生态园区必然与中德生态园存在一定程度上的竞争，特别是区位条件、经济发展水平和产业基础比较相近的城市，竞争将更为激烈。

二　中德生态园低碳发展的总体思路

（一）指导思想

深入贯彻落实科学发展观，按照"绿色发展、循环发展、低碳发展"的要求，以"规划先行，生态优先，沟通合作，写作创新，资源节约，低碳循环，以人为本，和谐发展"为基本原则，以生态环保、经济发展与社会和谐为目标，优化能源消费结构，提高能源利用效率，加强低碳技术推广应用，创新低碳发展机制，积极开展中德双方深度合作，重点引进高端装备制造、节能环保、新能源装备及其配套、海洋生物与医药等产业，探索生产、生活、生态协调发展的新型工业化和新型城市化道路，逐步建立"产业高端化、生活便捷化、环境生态化、服务高效化"的低碳发展模式，将中德生态园核心区建设成为高端生态示范区、技术创新先导区、高端产业集聚区、和谐宜居新城区。

中德生态园拓展区延伸核心区的辐射带动功能，打造国际化的具有可持续发展示范意义的生态园区，最终建立起以节能环保为基本发展理念，以高端引领、示范带动为核心功能的现代生态产业体系。

（二）基本原则

1. 规划先行，生态优先的原则

建设之初，明确中德生态园的定位和发展目标，高标准编制园区相关规划，设计未来发展路径。保证在生态园区建设过程中，注重生态修复，加强生态建设，实施环境一票否决，促进自然生态环境与人工生态环境和谐共融。

2. 沟通合作，协同创新的原则

保持中德双方通常的沟通渠道，加强双方多层次、多方位的交流，创新国际合作模式，在规划、建设、招商、运营等领域开展多形式的合作，充分利用现代信息技术手段，依托中德合作基础，加速创新要素流动，在全球范围内实现协作创新，提升园区的创新力和竞争力。

3. 资源节约，低碳循环的原则

统筹兼顾，注重资源节约，立足区域资源和环境承载能力谋划园区发展，优先选择消耗低、污染小、产出高的高端产业项目，充分利用清洁能源、可再生能源、工业余能，促进低碳能源循环利用，构建新能源利用的产业示范区。

4. 以人为本，和谐发展的原则

坚持以人为本，严格遵循规划进行功能分区建设，打造绿色、低碳、智慧的生态住宅区，完善公共服务配套设施，实现社会保障一体化，建设宜居环境，构建和谐社区，形成以绿色交通为支撑的紧凑型城市布局模式。

（三）发展目标

1. 总体目标

中德生态园旨在围绕生态环境健康、社会和谐进步、经济高效发展三个基础目标，探索生产、生活、生态协调发展的新型工业化和新型城市化道路，逐步建立"产业高端化、生活便捷化、环境生态化、服务高效化"的低碳发展模式，建设成为具有国际化示范意义的高端宜居生态示范区、技术创新先导区、高端产业集聚区、和谐宜居新城区。

2. 基础设施建设目标

园区基础设施的建设布局利用青岛特有的自然环境特征，即天然岩石作为概念主题，采用"岩石区"形态实现多样混合的用地布局（见图8－1）。围绕生态多元化的"城市岛"形态，通过低碳示范的生态建设，舒适便捷的绿色交通，配套完善的公共设施，打造产业和生态于一体、功能齐全、环境优美、宜居宜业的国际合作生态示范园区。其中，用地西侧的4块圆形区域反映了中德生态园良好的功能布局，并将承担大部分的高端产业功能；其他4个区域则将结合高端研发办公和公共功能，规划设置住宅和服务功能。中德生态园内规划总建设面积730万平方米，建筑100%为绿色建筑，绿色建筑标准与德国 DGNB 标准连接，并由中德共同制定绿色建筑标准来评价。

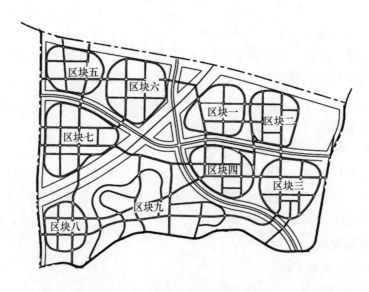

图8－1　中德生态园区块标号示意

资料来源：青岛市发改委。

能源系统将以泛能网为平台，重点发展分布式能源，突出太阳能、风能、地源热能、淡水源热能等可再生能源混合供应，加强天然气梯级利用，建设智能电网，高效满足冷、热、电、气等多品位能源需求，提高能源利用效率和经济性。

交通系统将充分考虑园区地形、道路现状，在园区内提倡公交优先战略，积极发展公共交通，布局自行车专用道系统，建设包括道路基础设施建设、绿色出行系统建设和智能交通系统在内的低碳交通系统，形成"三纵一横"的路网骨架。

3. 产业发展目标

（1）制造业。

青岛中德生态园产业发展方向突出"高端、新兴、生态"，注重加强对德国合作，产业发展重点以高端装备制造、节能环保、新能源装备及其配套、海洋生物与医药等为主导产业，生产性服务业为支撑，将中德生态园核心区打造为西海岸经济新区高端产业核心区与技术服务高地，在核心区带动下拓展区内构建以新能源、节能环保、高端装备、海洋产业和现代服务业五大产业为支撑的生态新区。规划期内，致力于将中德生态园建设为西海岸经济新区高端装备制造业发展的增长极，中国产业转型升级、国际化发展的低碳示范园区。具体指标详见表8-1。

表8-1　　　　　　　中德生态园核心区发展阶段目标

指标	2015 年	2017 年	2020 年
工业总产值（亿元）	30	90	118
地区生产总值（亿元）	45	100	150
利税（亿元）	3	9	15
亩均投资强度（万元）	350	400	500
万元地区生产总值能耗（吨标准煤）	0.25	0.23	0.21
研发投入占地区生产总值比重（%）	2.5	3	4
招商目标（家）	40	100	160
带动就业（万人）	1	2	3

（2）服务业。

中德生态园重点发展将德国经验与本土特色相结合的服务业。生产性服务业方面，对接中德生态园核心区高端装备制造业，发展为制造业提供配套的生产型服务业。同时，借助德国在租赁和商务服务业、专业服务方面的优势，重点发展商务服务业和专业技术服务业，积极发展信息技术服务业和金融服务业。生活性服务业方面，借鉴德国经验，发展以市场为导向的教育培训业，同时发展与园区社会生活相配套的商贸服务业，未来还可以发展旅游业。

发展目标分为两个阶段：

一是起步期（2012—2015年），以中德生态园内基础设施建设为主，同时大力开展招商工作，积极拓展招商引资规模，核心区为重点开发范围，部分优质项目优先投入建设，力争到2015年中德生态园实现工业总产值超30亿元，地区生产总值力争达到45亿元。

二是快速发展期（2016—2020年），核心区产业链高端优势形成，到2020年实现工业总产值118亿元，地区生产总值力争达到150亿元，带动就业3万人；万元地区生产总值综合能耗比2015年下降10%。中德生态园拓展区节能环保、高端装备制造、新能源、海洋产业及现代服务业基本形成集聚发展。

（四）发展路径

1. 总体建设

中德生态园园区建设总体分为三步：第一步，到2013年，完成园区规划和基础设施配套建设工作；第二步，到2015年年底，争取引进40家左右企业，其中德资企业20家，入驻企业形成规模，城市功能基本完善，园区产业发展格局和建设布局基本形成；第三步，到2020年年底前，争取再引进120家左右企业，其中德资企业60家，园区建设完成。

2. 能源系统的发展路径

中德生态园低碳能源系统是基于泛能网构建起来的。泛能网从网络层级上分为基础能源网、传感控制网和智慧互联网。智慧互联网借助传感控制网对基础能源网实施优化调配。基础能源网建设与各区块建设进度同步。基础能源网分两期进行建设。

3. 交通系统发展路径

中德生态园交通系统紧紧围绕绿色园区的理念，按照"生态、低碳、智慧"的原则，建设与园区相配套的道路交通体系。园区先期规划道路总长度约 64 千米，总投资约 30 亿元，将分三批进行建设，计划于 2015 年完成。

第一批工程于 2013 年 6 月开工，道路总长度 18.7 千米。

第二批工程于 2013 年 11 月开工，道路总长度 14.7 千米。

第三批道路于 2013 年 11 月开工，道路总长度 30.6 千米。

4. 高端制造业发展路径

核心区高端制造业发展分为三个阶段，逐步实现到 2020 年将中德生态园打造为西海岸经济新区高端装备制造业发展核心区的目标。

第一阶段为 2012—2015 年，以高端装备制造、节能环保、新能源装备及其配套、海洋生物与医药等为主导产业，优先、重点招商。通过宣传推广，吸引鼓励三大主导产业的德国企业以及国内外有实力的企业，形成三大主导产业的初步集聚。

第二阶段为 2015—2017 年，制造业初步形成规模，以鼓励发展类产业为招商重点。招商对象范围以德国中小企业为主，兼顾国内外实力企业，最终形成核心区内产业与拓展区产业以及周边产业的良性互动。

第三阶段为 2017—2020 年，高端制造业形成集聚。核心区对拓展区产业起到支撑和带动作用，通过高端、智能机械制造类产品与周边产业的互动，提升对中德生态园周边产业影响力。

5. 服务业发展路径

2012—2020 年，服务业发展分为种子期、投入期和成长期三个阶段，最终将中德生态园核心区打造成西海岸经济区服务高地。

第一阶段为 2012—2015 年，发展引进与高端制造业相匹配的专业技术服务项目，与软实力相关的认证、评估、标准化等有关的商务咨询服务业以及基本保障型服务业。

第二阶段为 2015—2017 年，以商务服务业、科技服务业为主，积极引进海洋科技、智能装备研发、生物医药产业相关的生产性服务业企业，同时发展以提升劳动力素质为主的教育培训业。

第三阶段为 2017—2020 年，提升德国制造业与本地生产性服务

业关联程度，服务业发展溢出效应明显，生活性服务业重点放在提升
生活质量的商贸流通、社区服务、生态旅游等方面，从而实现服务业
的多元化和多层次。

三　中德生态园低碳发展重点

（一）构建低碳产业体系

充分利用中德生态园的政策、资源以及周边产业优势，在核心区
引进高端装备制造、节能环保、新能源装备及其配套、海洋生物与医
药等产业项目，结合引进项目特点制定低碳建设方案，在建设及运营
过程中贯彻执行节能环保理念，提倡资源综合利用及再生资源的使
用，降低生产过程中温室气体排放，形成以高端装备制造、节能环
保、新能源装备及其配套、海洋生物与医药等制造业与现代服务业共
生的"4+1"低碳产业体系。

其中，高端装备制造业重点发展与本地主导产业相配套的先进机
械制造，有选择地发展精密机械设备和海洋工程装备，加强高端装备
制造业各环节的自主研发能力，积极引入国际知名的制造企业，延伸
至附加值高的产业链高端。

节能环保产业积极开展与德国及世界其他先进国家在节能环保领
域的合作，大力发展高效节能环保设备，积极引入并推广节能环保技
术，提升节能环保服务水平。

新能源产业引入德国先进技术，优先发展太阳能光热利用领域，
培育发展风能发电配套产品，适度发展太阳能光伏发电产品。

海洋生物与医药产业重点推进海洋生物、海洋医药和海洋新材料
的研发和生产。

现代服务业以促进服务业和制造业高效融合、互动发展为目标，
大力发展生产性服务业，改造提升生活性服务业；以促进园区主导产
业高端化、创新化、集约化发展为目标，优先发展商务服务业、专业
技术服务业和高等职业教育。

（二）推进清洁能源利用

优化能源结构，充分利用清洁能源和可再生能源，建立化石能源
与可再生能源的循环利用、集中式与分布式相结合、多能源和混配供

应的泛能网系统。

将园区周边部分的市政电力、市政气网、大唐风电、清洁热力及余热进行集成和综合利用，形成化石能源与可再生能源循环供应模式。在生态园内建设 L/CNG 站、储冷热装置和储电装置，实现园区电、气、热互补调峰，提高供能系统利用率的同时，保障供能系统的安全性。对生态园内工业、建筑、交通等用能系统分别进行节能优化，降低终端用能需求的总量。利用余能回收技术对园区内产生的废物、废能进行回收利用，减少外部不可再生能源消耗。

促进可再生能源综合利用。在园区内选择大型公共建筑及工业建筑设置太阳能光伏发电装置，解决建筑部分用电需求；在园区内风力条件较好的地带可设置风光互补路灯。推广各类太阳能集热器，满足园区热水需求。

采用先进的传感测量技术、信息通信技术、分析决策技术、自动控制技术及能源电力技术，并借助传感控制网、智慧互联网形成的新型现代化智能电网，使能源资源开发、转换（发电）、输电、配电、供电、售电及用电的电网系统的各个环节，进行智能交流，实现精确供电、互补供电，提高能源利用率、供电安全及节省用电成本的目标。

（三）加强生态保护

对抓马山的林地以生态修复为主，实施局部封禁管护，禁止商业性采伐。对必需的工程建设占用林地导致的对森林资源及其生态环境的生态破坏，应及时进行修复，努力恢复其生态植被。

大力开展植树造林，增加森林、园林等绿化覆盖率，以开发区实施的增绿、补绿、改绿、建绿、护绿（"五绿"）工程为契机，完善园区生态屏障建设，提高森林资源质量，保持自然生态系统固碳能力，增强单位面积森林固碳能力，抵减工业排放，提升应对气候变化能力。

推进园区内景观林改造工程。推广适应本地气候特点、维护成本低的高固碳植物、吸碳能力强的植物，改善绿地固碳能力。

（四）打造低碳社区

按照《青岛经济技术开发区建设和谐社区标准》，实施中德生态园规划范围内村改居工程，改善中德生态园区内居民生活环境，提高居民生活质量，建设环境优美、人居和谐、生态文明的城市新社区。

低碳社区建设从绿色建筑入手，紧紧围绕绿色建筑理念进行设计和施工。村改居工程的建设将按照中国绿色建筑二星标准实施，同时兼顾德国 DGNB、德国能源署等标准要求，体现德国品质和工艺，并由中德共同制定绿色建筑标准作为评价依据。

开展节能减排宣传，鼓励居民使用清洁能源和可再生能源，倡导居民绿色出行，引导居民绿色消费，开展"低碳家庭"评选活动，塑造低碳文化，使低碳生活方式逐步成为居民的自觉行动，普及推广绿色低碳的城市社区生活方式。

（五）发展低碳交通

优化土地利用布局，实现绿色交通系统与土地利用的紧密结合和协调布局。园区内建设"三纵一横"的主干道路体系，包括三条南北走向的纵向道路，自西向东分别是：珠宋路拓宽工程、昆仑山路贯通工程、规划 35 号线；一条东西走向的横向道路，即团结路西延工程。

减少区内的机动车出行。优先发展公交，鼓励使用新能源的公共交通，充分利用自行车换乘，提升公共交通和慢行交通的出行比例，限制私人小汽车交通的使用，试点汽车共享，建立多层次、立体化慢行交通系统。

园区内轨道交通换乘站点与公交的有机接驳，建设区内快速公交系统，提高园区与快速轨道交通的匹配度，实现公交站点 500 米服务半径覆盖率到 100%，满足区域内部的快速公共交通需求。

（六）探索区域碳排放权交易

建设园区能源监测、统计和管理体系，动态掌握园区能源消费结构和能耗水平，在对园区碳源和碳汇现状调查摸底的基础上，建立园区企业碳排放监测系统、碳排放数据信息核查系统、企业碳排放权配额登记注册系统。

对在中德生态园建设区域碳交易市场进行可行性分析，确定交易市场载体，寻找交易平台的合作伙伴，并争取国际低碳资金的支持。

四 中德生态园低碳发展建设方案

（一）低碳产业体系建设项目

中德生态园低碳产业体系包括高端装备制造、节能环保、新能源装备及其配套、生物与医药等制造业与现代服务业。

截至 2013 年 7 月，已培育项目 18 个，涵盖智能能源、绿色建材、金融、高端制造业、职业教育等领域。其中，外资项目 13 个、总投资约 7.5 亿美元，内资项目 5 个、总投资约 140 亿元。重点产业项目见表 8－2。

表 8－2　　　　　　　　　　中德生态园重点产业项目

序号	项目名称	总投资	建设内容
1	德国企业之家	6.7 亿元	该项目建筑面积 7.53 万平方米，为世界第 8 个德国中心，是世界体量最大 DGNB 金级认证项目，2015 年 9 月投入使用
2	德国攀东星高效润滑研发项目	1000 万美元	年产 7000 吨高端特种润滑油
3	德国辛北尔康普压机项目	2500 万美元	主要研发生产纤维增强型复合板加工用的成套设备、金属板材成型压力机、换热器板片压力机、液压成型压力机、管线成型压力机线，并负责安装、调试、维修等服务，2016 年 6 月底建成投产
4	德国声学材料项目	2500 万美元	生产单层和多层消声薄膜
5	德国钢琴项目	7500 万美元	建设钢琴研发、生产、展示和演奏大厅
6	中德生态园被动屋项目		建设被动屋中国技术中心，建立相关产业联盟和产业基地，为低能耗建设提供关键技术、关键设备支撑
7	青岛盛德能源科技有限公司	2 亿元	主要生产 6—3000 千瓦柴油、重油和燃气发电机组

续表

序号	项目名称	总投资	建设内容
8	正大海尔制药项目	1.3 亿美元	由泰国正大永福（香港）有限公司、青岛海尔投资发展有限公司和青岛海淳投资咨询有限公司合资建设的，集科研、开发、生产于一体的现代化医药产业园，同时也是中国唯一一个国家级海洋药物中试基地和国家药物创新体系重要基地
9	毅昌（北方）设计谷项目	2.62 亿美元	利用毅昌公司品牌以及国内工业设计的领军地位，聚集国际、国内设计企业及设计与制造紧密结合的高端企业入驻
10	山东富特能源管理股份有限公司	4.7 亿元	主要生产地源热泵、水源热泵、海水源热泵，别墅节能空调、多能源利用的地源热泵机组

资料来源：青岛市商务局、中德生态园管委。

（二）泛能网

泛能网是中德生态园能源系统的主体，从网络层级上分为基础能源网、传感控制网和智慧互联网。智慧互联网借助传感控制网对基础能源网实施优化调配。

基础能源网是利用泛能站对园区外部接入的各种集中式供能、分布式供能、储能、余热回收等系统进行高效集成，形成以区域泛能站为核心的能源调配系统，通过区域泛能网主干网与各子泛能站连接，满足区块一至区块八的能源供应。园区泛能站采用"1拖N"模式，设计规划一个区域泛能站、六个子泛能站（1#—6#）以及部分分散式泛能站。区域泛能站与各子泛能站均由生产供应、储运、应用和再生四个模块构成。基础能源网由电力网、燃气网和热力网组成，其中主干网中电力网和燃气网为环形网络，热力网为同程式支状网。

传感控制网由园区内泛能网络控制器、现场设备的实时控制器、MEMS泛能表、终端用户执行器等多个控制节点构成，各控制节点通过光纤、有线、无线等传输方式连接。传感控制网主要完成对园区内各级设备的数据采集、控制等，采用星形或环形网络。各个泛能微网、区域泛能站、智能变电站、CNG充储站等通过园区内电力光纤以环形网络方式接入区域泛能网主干网。

智慧互联网由泛能运营中心和用能终端组成。泛能运营中心为连接区域外能源、园区内产能端、终端用户的信息连接纽带，以价值流为导向，实现对能源的整体管理、调度和优化，并为终端用户提供能源服务、交易等。

泛能运营中心是中德生态园泛能网的智能中枢，为泛能网提供了智能化、科学化的运营解决方案。它是基于分布式泛能云计算网络构建的智能化运营管理平台。泛能运营中心借助园区云服务基础设施与能源信息采集与计量装备，依托能效控制、能效优化、能源监管、能源调度、公众服务、基础服务等子系统，为园区包括能源供能企业在内的各类企业、居民提供余能上网、能源交易、节能服务等一体化能源综合服务，实现园区能源系统一体化、智能化、高效率的运营。

该项目预计总投资 19.2 亿元，由青岛新奥智能能源有限公司组织建设实施。具体投资预算见表 8-3。

表 8-3　　　　　中德生态园泛能网项目投资预算

工程或费用名称	投资预算（万元）
泛能站	100909
四环节系统	31120
泛能运营中心	18430
输配系统	41561
合计	192020

项目进度安排与中德生态园内各区块建设进度同步，传感控制网和智慧互联网建设根据基础能源网进度来安排。

基础能源网一期主要建设团结路、昆仑山路等主干道上的热力、燃气、电力管网，建设区域泛能站进入1#、2#泛能站的管网，大唐风电并入智能变电站的电力管线；区域泛能站与子泛能站以及子泛能站间的管网随道路铺设进度而建设，组团内二次管网与组团建设进度同步进行。

项目建设时间为2013—2018年，各泛能站建设进度如表8-4所示。

表8-4 各泛能站建设进度 单位:%

建设进度 \ 建设年份 \ 建筑性质	2013	2014	2015	2016	2017	2018
区域泛能站		50		100		
1#泛能站	50		100			
2#泛能站		50		70	100	
3#泛能站					100	
4#泛能站		50		100		
5#泛能站			50		100	
6#泛能站				50		100
泛能站调配建设						100

泛能网系统依托基础能源网、传感控制网和智慧互联网对整个系统进行控制、优化。经详细测算，与传统的供能方式相比，泛能网系统方案三个层面的优化技术节能率达到50.7%，详见表8-5。

表8-5 泛能网三层系统节能分析

分层优化	分项优化技术	环节	节能率(%)	占总能耗的节能率(%)	分项合计节能率(%)
智慧互联网	泛能运营中心调度优化	全部	5.0	2.6	2.6
传感控制网	智能表计统一计量	应用	5.0	2.2	5.0
	微网优化控制	全部	5.0	2.8	
基础能源网	1拖6泛能站	匹配	42.7	32.9	43.1
	工业余热回收	再生	—	1.4	
系统节能量和系统节能率			—	50.7	50.7

中德生态园泛能网能源系统的污染物排放情况明显优于基准系统的传统能源污染物排放情况。经计算 CO_2 减排率为64.6%，SO_2 减排

率为86.1%，NO$_x$减排率为70.8%，粉尘减排率为81.5%。

（三）幸福社区

幸福社区项目是中德生态园的首期启动项目，负责承载生态园内柳林子、山殷等16个（含城子埠28户居民）村庄工作。项目选址位于园区团结路以北，青兰高速以东，环胶州湾高速以南合围区域。

项目总占地面积386578.04平方米，总建筑面积780518.72平方米，其中地上建筑面积618327.51平方米，地下建筑面积162191.21平方米，小区规划5270户，入住人数约14586人（见表8-6）。

表8-6　　　　　　　　　　幸福社区主要经济技术指标

项目	数量	单位
总占地面积	386578.04	平方米
总建筑面积	780518.72	平方米
其中：地上建筑面积	618327.51	平方米
地下建筑面积	162191.21	平方米
居住户数	5270	户
入住人数	14586	人
容积率	1.59	—
绿地率	33.80	%
建筑密度	24.70	%
总停车位	5252	辆

项目主要建设内容包括高层住宅、多层住宅和小区配套公建设施。其中，高层住宅楼22栋，多层住宅楼74栋。项目建有配套公建设施和集中商业区，包括大型百货、商务酒店、零售、娱乐及配套公租房等。此外，项目地内建有2座3层幼儿园，5座2层、4层办公楼。项目所建地下车库，主要作为停车场、储藏间和设备间。项目的容积率为1.59，建筑密度为24.7%，绿化率为33.8%。

项目单位黄岛区红石崖街道办事处委托中德生态园联合发展有限公司为代建单位，负责项目管理及其他工作。

项目总投资286325.4万元，其中安置补偿及土地补偿费

30186.21万元。资金来源为青岛市经济技术开发区政府财政资金（见表8-7）。

表8-7　　　　　　　　　　　投资估算情况　　　　　　　　单位：万元

工程名称	合计
建安工程费用	210150.7
其他费用	67835.1
预备费	8339.6
合计	286325.4

项目计划于2012年10月开始启动，2015年1月底竣工，工程建设周期为28个月。

（四）中德生态园低碳交通系统

为落实中德生态园绿色、环保、低碳、节能的规划理念，生态园内将打造绿色低碳交通系统，在规划和建设阶段均重视使用低碳环保材料，积极推广新材料、新工艺，使用清洁能源车辆，提倡慢行交通和公共交通出行，建设先进智能交通系统，以求全面打造中德生态园低碳交通系统。具体体现在以下三个方面。

一是园区道路基础设施建设，主干道采用温拌沥青工艺，次干路和支路采用生态透水降噪路面设计。

二是绿色出行系统建设，提倡慢行交通，规划自行车专用通道，规划站点约15处，计划投放自行车约300辆。园区采用CNG公交、LNG公交和电动公交，减少碳排放。

三是低碳智能交通建设，包括高清视频监控系统、自适应信号控制系统、闯红灯系统、超速系统、卡口系统、诱导系统、交通流检测系统、光缆铺设及熔接、指挥中心后台及软件等。

该项目由中德生态园发展有限公司负责实施。项目总投资约38890万元，具体投资预算见表8-8。

表8－8　　　　　　中德生态园低碳交通系统项目投资预算

项目	投资额（万元）
道路基础设施建设	30700
绿色出行系统建设	2800
智能交通系统建设	5390
合计	38890

　　本项目为中德生态园基础设施项目，实施时间为2012—2015年，计划于2015年前建成完善的低碳交通系统，为园区的发展奠定基础。具体实施计划见表8－9。

表8－9　　　　　　中德生态园低碳交通系统项目实施计划

项目	实施计划
道路基础设施建设	2012—2015年，在中德生态园园区总长度约28.2千米的道路上，主干道采用温拌沥青技术，次干路和支路采用温拌沥青技术和排水降噪路面技术进行建设
绿色出行系统建设	2012—2015年，构建多方式协调的公交服务体系，高标准规划建设园区环线公交系统，提供优质公共交通服务，使用清洁能源和新能源公交车；规划自行车专用通道，投放公用自行车供居民出行使用
智能交通系统建设	2013—2015年，在园区建成智能交通系统，包括高清视频监控系统、自适应信号控制系统、闯红灯系统、超速系统、卡口系统、诱导系统、交通流检测系统、光缆铺设及熔接、指挥中心后台及软件等

　　中德生态园低碳交通系统，从系统的设计规划层面到具体建设实施、运营层面都体现了低碳环保的理念。首先在规划设计层面，重视建设多方式协调的公共交通服务体系，并将公共交通系统与慢行交通系统衔接起来，全力打造园区内的绿色出行体系。从根本上提高了公

交、自行车等低碳环保出行方式的比重，对园区交通系统节能减排做出重要贡献。其次在建设低碳交通系统过程中，重视推广使用环保材料、设备，在道路建设过程中使用温拌沥青技术，根据其他城市案例测算每吨温拌沥青混合料可以节约燃料2.34千克，折合3.34千克标准煤，减排8.33千克CO_2。在园区内使用清洁能源和新能源公交车，也具有显著的节能减排效果。此外，园区还将建立低碳智能交通系统，通过信息化的调度和管理，提高园区交通系统的运营效率，引导居民选择最佳出行方式，降低无谓消耗，从而达到节能减排的目的。综上所述，中德生态园低碳交通系统项目的节能减排效果是多层面的，通过优化规划、建设、运营各个阶段从而实现园区交通系统节能减排的最终目标。

五　中德生态园低碳发展方案实施的评价

（一）实施过程

1. 启动阶段（2013年4—12月）

正式启动中德生态园低碳建设试点工作，建立组织领导机构，明确工作重点和责任分工，确定中德生态园低碳建设试点的重点领域，编制中德生态园低碳建设试点实施方案。

2. 实施阶段（2014年1月—2015年12月）

将已确定的重点领域和重点项目融入中德生态园建设中，针对中德生态园低碳建设的目标，对项目建设过程进行过程监督和过程评价，不断总结实施成效和经验，并根据实际情况和工作需要，及时调整部署。建立中德生态园碳排放监测统计体系，完善考核办法。

3. 评估阶段（2016年1—12月）

中德生态园社区和基础设施配套建设基本完成，产业发展初具规模。结合国际先进经验，对中德生态园低碳建设完成情况以及实现的节能减排效益等进行全面评估分析，总结经验，查找不足，形成完整客观的评估分析报告。

4. 改进阶段（2017年1月—2020年12月）

根据评估报告，对中德生态园低碳建设试点方案实施过程中出现的问题采取措施，及时整改，并与中德生态园第二阶段的产业发展相结合。根据评估情况，修订完善相关评价指标、制度和操作方法。

（二）评价指标

按照先进性、系统性、相关性、适应性的原则，构建中德生态园低碳建设的评价指标体系，按照实施计划对中德生态园低碳建设效果进行评价。

评价指标体系从经济优化、环境友好、资源利用、社会发展四个方面建立 4 个一级指标、10 个二级指标、34 个三级指标，如表 8 - 10 所示。

表 8 - 10　　　　　　　中德生态园低碳建设评价指标体系

一级指标	二级指标	三级指标	序号	指标值	
				2015 年	2020 年
经济优化	减少生产排放	单位地区生产总值排放强度	1	≤240 吨 CO_2/百万美元	≤180 吨 CO_2/百万美元
		企业清洁生产审核实施及验收通过率	2	100%	100%
		单位工业增加值化学需氧量排放量	3	≤1 千克/万元	≤0.8 千克/万元
	提高利用效率	万元地区生产总值能耗	4	0.25 吨标准煤/万元	0.23 吨标准煤/万元
		工业余能回收利用率	5	≥30%	≥50%
		单位工业增加值新鲜水耗	6	≤7 立方米/万元	≤5 立方米/万元
		工业用水重复利用率	7	≥75%	≥75%
	产业集约发展	单位土地平均投资强度	8	4500 万元/公顷	6000 万元/公顷
		单位土地利税	9	1000 万元/公顷	1500 万元/公顷
		研发投入占地区生产总值比重	10	≥3%	≥4%

续表

一级指标	二级指标	三级指标	序号	指标值	
				2015 年	2020 年
环境友好	平衡宜居宜业	人均公园绿地面积	11	30 平方米/人	30 平方米/人
		区内地表水环境质量达标率	12	100%	100%
		功能区噪声达标率	13	100%	100%
		城市室外照明功能区达标率	14	100%	100%
	降低建设影响	园区范围内原有地貌和肌理保护比例	15	≥40%	≥40%
		绿色施工比例	16	100%	100%
资源利用	促进源头减量	绿色建筑比例	17	100%	100%
		核心区地下空间开发率	18	80%	80%
		日人均生活垃圾产生量	19	≤0.8 千克/（人·日）	≤0.8 千克/（人·日）
		建筑合同能源管理率	20	≥20%	100%
	开展多源利用	综合节能率	21	≥40%	≥50%
		可再生能源使用率	22	≥10%	≥15%
		非传统水资源利用率	23	≥30%	≥50%
		垃圾回收利用率	24	≥40%	≥60%
	完善设施系统	绿色出行所占比例	25	≥70%	≥80%
		建筑与市政基础设施智能化覆盖率	26	100%	100%
		开挖年限间隔不低于五年的道路比例	27	100%	100%
		危废及生活垃圾无害化处理率	28	100%	100%

续表

一级 指标	二级指标	三级指标	序号	指标值	
				2015 年	2020 年
社会 发展	社区 建设	民生幸福指数	29	≥90 分	≥90 分
		步行范围内配套公共服务设施完善便利的区域比例	30	100%	100%
		步行 5 分钟可达公园绿地居住区比例	31	100%	100%
	社会 保障	保障性住房占住宅总量的比例	32	≥20%	≥20%
		本地居民社会保险覆盖率	33	100%	100%
		适龄劳动人口职业技能培训小时数	34	≥20 小时/年	≥25 小时/年

六　保障措施

（一）组织保障

1. 成立领导小组

为加强中德生态园低碳建设试点工作的组织领导，成立了中德生态园低碳建设试点工作领导小组，全面组织和推进试点工作。领导小组由园区管委会主任任组长，成员由规划建设部、经济发展部和招商促进部，青岛经济技术开发区政府各职能局、部、办及中德生态园联合发展有限公司负责人等各部门负责人组成。领导小组办公室设在规划建设部，具体负责中德生态园低碳建设试点的推进工作。

领导小组的主要职责包括：负责制定中德生态园低碳建设试点实施方案以及低碳园区创建、运营管理重大问题的研究与统筹、政策制定，对低碳园区建设计划进行审定，对项目进度与实施情况进行监督管理，对建设目标实现情况与实施效果进行考核评估。

2. 设立运营公司

为便于试点方案的实施，园区成立了青岛中德生态园联合发展有限公司，作为园区建设的市场化运作的主体和开发建设的载体。通过公开引进管理人才、技术培训、体制创新等方式，中德生态园联合发展有限公司就园区的基础设施建设、地产开发、技术咨询、公共事业经营等低碳建设项目与外部企业开展全方位的合作。

3. 组建咨询机构

邀请产业、规划、建筑、能源、环境等相关领域的专家组成专家顾问组，为中德生态园低碳建设的产业政策、资源利用、项目选择、社区建设、环境保护等问题提供智力支持。同时，以专家顾问组为纽带，为园区企业低碳化发展及时提供产业、技术等方面的咨询意见，帮助解决重大技术问题。

（二）政策保障

1. 强化规划引导

明确"规划现行"的原则，制定出台中德生态园低碳建设总体规划和工作方案，明确中德生态园低碳建设的战略目标和发展路径，为中德生态园低碳建设提供科学依据，严格按照规划设计要求进行招商引资和施工建设。

2. 制定产业政策

抓紧制定中德生态园关于节能环保产业、高端装备制造、新能源、海洋产业和现代服务业产业相关发展指导意见，明确园区主导产业集群发展方向和重点；制定实施相关产业促进办法，向上级政府争取在税收、土地、融资等方面的扶持政策，鼓励企业向重点产业的重点方向发展，引导社会资源和企业资源聚集。

3. 建立合作机制

增强生态保护意识，建立青岛市林业局与中德生态园管理委员会的林业合作工作机制，明确双方林业合作的方式、方法和要求。建立联席会议制度，研究确定双方林业合作的重大工作事项，及时协调解决工作推进过程中存在的问题。

（三）资金保障

1. 争取专项资金

重点结合《山东半岛蓝色经济区发展规划》以及《青岛西海岸经

济新区发展规划》，统筹考虑中德生态园低碳建设目标，围绕新能源、节能环保、高端装备、海洋产业和现代服务业五大主导产业，积极争取国家、省市专项资金的支持。

2. 争取地方投入

采用政府投入方式对园区社区改造。对于低碳示范项目建设，进一步争取地方配套资金支持，重点加大对节能减排、环境治理与保护等方面项目的支持力度，对可再生能源利用、碳减排项目给予一定资金扶持。

3. 拓宽融资渠道

建立多元化投融资机制，多渠道筹措资金，保证园区基础设施建设和产业发展。结合低碳项目建设，把中德生态园建设成为青岛低碳投融资基地。引导各类金融机构加大对低碳项目的信贷支持力度，创新适合低碳项目特点的信贷管理模式，优先为低碳项目提供融资服务。在对区域性碳排放交易市场运行可行性分析的基础上，探索依托碳排放交易的融资模式。

（四）人才保障

1. 加快引才引智

优先引进高层次急需人才、专业拔尖人才，通过人才的聚集促进产业的聚集。组织多形式的海外招才引智活动，完善海外人才准入、管理和待遇制度，加快人才国际化进程，鼓励欧美专家、海外华人和留学人员来园区工作或提供服务。充分发挥柔性引才机制的作用，鼓励支持国内外各类优秀人才进行咨询讲座、技术指导、项目合作或从事其他专业服务。

2. 加强育才用才

依托科技创新平台和重点学科，突出培养创新型科技人才，造就一批国际水准的科技领军人才、技能大师和高水平创新团队。建立健全以品德、能力和业绩为导向的人才选拔任用、考核评价机制。

3. 提升职业教育

为使职业教育更具实用性和针对性，积极与德国职业培训机构就"双元制"教育开展合作，与德国院校联合办学，与德国入驻企业合作，共建实训基地和培训中心。制定双元制教育的标准，组织实施培训测评、职业技能认证和鉴定，及时了解企业的用工需求，做好学生就业推介。

（五）运行保障

1. 采取目标管理

完善目标责任制，将试点实施方案的任务目标细化为年度目标和任务，并分解落实到各个责任单位和部门。项目实施单位按照目标要求，进行项目质量监督管理，领导小组定期检查项目进展情况、质量达标情况，及时查明项目实施中存在的问题，采取有力措施，保证项目按计划进度推进实施。

2. 提供优质服务

建立政府、行业、企业等多方协调机制，及时沟通反馈信息，保证有关招商引资、节能减排、环境保护等方面政策落实到位。改进服务方式，参照德国法兰克福－赫斯特工业园区的管理模式，为入驻企业提供"管家式"服务，及时解决中德生态园项目建设和运营过程中遇到的问题，保证试点项目达到目标要求。

3. 动态绩效评估

试点工作领导小组办公室对不同建设领域项目进展实施动态监控，将项目完成情况与各部门绩效考核相结合。建立智慧化、立体化环境网络与能源消耗和碳排放统计监测制度，对园区运营过程中环境质量、能源消费、污染物排放等情况进行动态监测，及时发现问题、寻找对策，以保证建设目标的实现。

第二节　基于能量系统优化的产业园低碳化实践

一　黄岛 H 工业园能量系统配置现状

（一）黄岛 H 工业园能源管理组织

黄岛 H 工业园的能源管理由青岛 H 能源动力有限公司负责。青岛 H 能源动力有限公司是整个工业园的能源与环保中心。公司下设流程运作与优化部、策略及项目部、设备采购部、审核推进部、审核分析部。公司内部共有变电、污水、供热、空压机、液化气五大站，主要为所在园区企业提供水、电力、蒸汽、天然气、液化气、煤气等燃料供应以及信息、管道安装服务。

（二）黄岛 H 工业园能量系统

能量系统是指由企业生产过程中所有与能量的转换、利用、回收等环节有关的设备组成的系统。黄岛 H 工业园的能量系统由变电站、空压站、换热站、液化气站、自来水泵站以及天然气、液化气、蒸汽、压缩空气、纯水、废水等公用管网子系统构成。其能源流向如图8 - 2 所示。

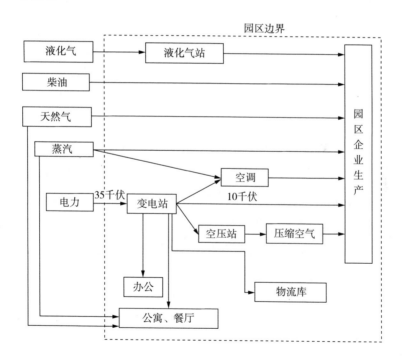

图 8 - 2　黄岛 H 工业园能源流向示意

黄岛 H 工业园内有 35 千伏变电站一座，园区内电网电压等级为10 千伏，到企业后由配电室降压为普通工业用电。

黄岛 H 工业园内天然气管网设置 5 处调压柜，其中 4 处在上海路沿线物流立体库、电热水器厂区、洗碗机厂区、特种冷柜厂区附近，另一处位于华盛顿路与深圳路交界处。其能源流向如图 8-3 所示。

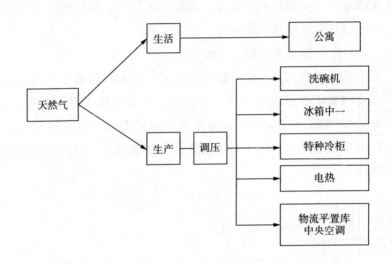

图 8-3 黄岛 H 工业园天然气流向示意

黄岛 H 工业园内蒸汽管网管道的公称直径根据传输量的要求不同分为 300 毫米、250 毫米、200 毫米、150 毫米、100 毫米、80 毫米。

黄岛 H 工业园压缩空气管网管道的公称直径根据传输量的要求不同分为 300 毫米、150 毫米、100 毫米，其中从空压站输出管道口径为 300 毫米，园区企业输入端口直径为 100 毫米，通往新兴产业园的管道直径为 150 毫米。

黄岛 H 工业园纯水管网管线中除通往海立电机的管道直径为 50 毫米外，其余管道直径均为 75 毫米。工业废水管网中的管道直径均为 75 毫米。

（三）黄岛 H 工业园能源消费概况

黄岛 H 工业园中的企业均为轻工企业，所需能源全部外购。能源消耗品种主要包括电力、天然气、液化石油气和蒸汽等。

从近四年的统计数据来看，黄岛 H 工业园年电力消费量为

1.4 亿—1.7 亿千瓦时（见表 8 - 11）。每年的用电高峰一般为 8 月，用电低谷为每年年初 1 月或 2 月和年中的 10 月（见图 8 - 4）。2012 年 1—9 月黄岛 H 工业园电力消费量为 1.34 亿千瓦时，同比增长了 3.45%。

表 8 - 11　　　　　2009—2012 年黄岛 H 工业园用电量统计

2009 年	用电量（千瓦时）	2010 年	用电量（千瓦时）	2011 年	用电量（千瓦时）	2012 年	用电量（千瓦时）
1 月	8569680	1 月	15574440	1 月	14193480	1 月	10859100
2 月	10557960	2 月	10498320	2 月	9757440	2 月	13477380
3 月	13126260	3 月	16065840	3 月	16015860	3 月	15435000
4 月	12076680	4 月	14961240	4 月	14956620	4 月	13454700
5 月	11723460	5 月	13581540	5 月	14660520	5 月	14278320
6 月	13243860	6 月	14241360	6 月	13725180	6 月	15131340
7 月	14068320	7 月	16369920	7 月	15958740	7 月	17889480
8 月	14704620	8 月	17120040	8 月	16196460	8 月	18880260
9 月	13539540	9 月	14692440	9 月	14388360	9 月	14928060
10 月	10570140	10 月	11267340	10 月	11498340	10 月	
11 月	12021660	11 月	13525260	11 月	13997340	11 月	
12 月	15277500	12 月	15125880	12 月	16830660	12 月	
合计	149479680	合计	173023620	合计	172179000	合计	

　　黄岛 H 工业园液化石油气消费趋势相对比较平稳（见图 8 - 5），蒸汽消费量在年初 1 月、2 月最高，3 月开始大幅下降，并趋于平稳。[①] 2012 年 1—10 月黄岛 H 工业园蒸汽消费量为 93078 吨，液化石油气消费量为 32744 立方米（见表 8 - 12）。

　　2009—2011 年黄岛 H 工业园用水量呈上升趋势（见表 8 - 13、图 8 - 6）。2011 年黄岛 H 工业园用水量为 107.3 万立方米，较 2009 年

———————

　　① 该工业园 2012 年之前有关天然气、蒸汽、液化气消费量的统计数据缺失。

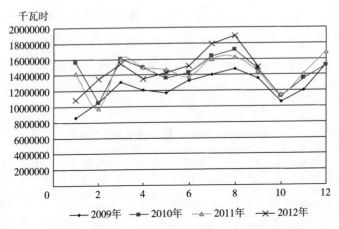

图 8-4　2009—2012 年黄岛 H 工业园用电量

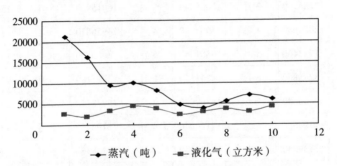

图 8-5　2012 年黄岛 H 工业园蒸汽、液化气消费情况

表 8-12　　2012 年黄岛 H 工业园蒸汽、液化气和天然气消费量统计

2012 年	蒸汽用量 总和（吨）	蒸汽总 表数（吨）	蒸汽计量 率（%）	液化气 （立方米）	天然气 （立方米）
1 月	20206	21215	95.2	2608	1378046
2 月	15606	16251	96.0	1974	168678
3 月	8976	9526	94.2	3274	174306
4 月	9261	10115	91.6	4484	415926
5 月	7867	8254	95.3	3840	192929
6 月	4655	4837	96.2	2382	118635
7 月	3764	4011	93.8	3081	167329
8 月	5238	5644	92.8	3785	115651
9 月	6758	7108	95.1	3088	135577
10 月	5724	6117	93.6	4228	429903

表 8-13 2009—2012 年黄岛 H 工业园园用水量统计

单位：立方米，%

2009年	1月	2月	3月	4月	5月	6月	7月	8月	9月	10月	11月	12月	合计
合计	49422	37984	43437	57782	47858.5	63725	59404.5	58927.5	59863.5	45518	52659.5	49342.5	625924
总表	54309	41286	47472	63218	52476	69116	64570	63705	64857	49746	57488	53750	681993
计量率	91.0	92.0	91.5	91.4	91.2	92.2	92.0	92.5	92.3	91.5	91.6	91.8	91.8
2010年	1月	2月	3月	4月	5月	6月	7月	8月	9月	10月	11月	12月	合计
合计	49220.5	85015.5	65364	66353	77503.5	57482.5	76353.5	78518.5	84562.5	74727	72764	68538	856402.5
总表	53384	93116	71749	72516	84242	63727	82902	85161	91418	80960	79263	74741	933179
计量率	92.2	91.3	91.1	91.5	92.0	90.2	92.1	92.2	92.5	92.3	91.8	91.7	91.8
2011年	1月	2月	3月	4月	5月	6月	7月	8月	9月	10月	11月	12月	合计
合计	72859	59937.5	67861	91444	80499.5	86015	83954	110754	74331	76145	93641	88884	986325
总表	79108	65000	73842	99503	87690	93291	90957	119863	80882	83492	102451	97140	1073219
计量率	92.1	92.2	91.9	91.9	91.8	92.2	92.3	92.4	91.9	91.2	91.4	91.5	91.9
2012年	1月	2月	3月	4月	5月	6月	7月	8月	9月	10月	11月	12月	合计
合计	77902	80803	75717	62662	89306	81942	89566	86939					
总表	84584	87260	81944	67963	96756	89164	96515	93482					
计量率	92.1	92.6	92.4	92.2	92.3	91.9	92.8	93.0					

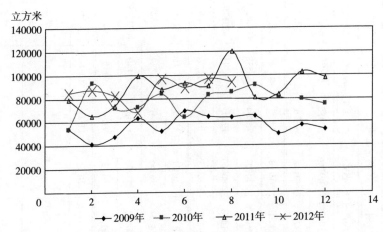

图 8 - 6   2009—2012 年黄岛 H 工业园用水量

增加 39.1 万立方米，年均增长 25.4%。2012 年 1—8 月黄岛 H 工业园用水量为 69.8 万立方米，较上年同期略有降低。

与用水量相似，2009—2011 年黄岛 H 工业园排水量整体上也呈现上升趋势（见表 8 - 14、图 8 - 7）。2011 年黄岛 H 工业园排水量为 21.4 万立方米，较 2009 年增加 6.9 万立方米，年均增长 21.3%。2012 年 1—8 月黄岛 H 工业园排水量为 13.3 万立方米，较上年同期略有降低。

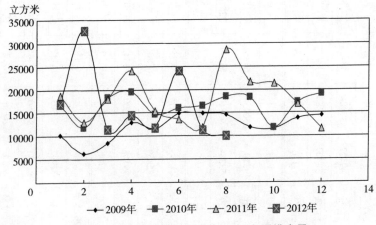

图 8 - 7   2009—2012 年黄岛 H 工业园排水量

表 8 – 14　2009—2012 年黄岛 H 工业园排水量统计

单位：立方米，%

2009年	1月	2月	3月	4月	5月	6月	7月	8月	9月	10月	11月	12月	合计
合计	10051	6225	8405	12798	11522	14776	14761	14352	11845	11536	13675	14377	144323
总表	10162	6306	8472	12888	11591	14955	14925	14541	11928	11605	13785	14507	145665
计量率	98.9	98.7	99.2	99.3	99.4	98.8	98.9	98.7	99.3	99.4	99.2	99.1	99.1
2010年	1月	2月	3月	4月	5月	6月	7月	8月	9月	10月	11月	12月	合计
合计	16497	11608	17885	19230	14177	15822	16289	18288	17944	11533	17097	18688	195058
总表	16732	11678	18230	19463	14536	15948	16435	18436	18219	11736	17232	18984	197629
计量率	98.6	99.4	98.1	98.8	97.5	99.2	99.1	99.2	98.5	98.3	99.2	98.4	98.7
2011年	1月	2月	3月	4月	5月	6月	7月	8月	9月	10月	11月	12月	合计
合计	18270	12749	17834	23841	15172	13290	11785	28310	21322	20702	16662	11370	211307
总表	18649	12945	17986	23986	15324	13492	11932	28610	21563	21320	16962	11490	214259
计量率	98.0	98.5	99.2	99.4	99.0	98.5	98.8	99.0	98.9	97.1	98.2	99.0	98.6
2012年	1月	2月	3月	4月	5月	6月	7月	8月	9月	10月	11月	12月	合计
合计	16662	32407	11310	14377	11643	23791	10996	9905					
总表	16869	32647	11432	14532	11786	23969	11260	10056					
计量率	98.8	99.3	98.9	98.8	98.8	99.3	97.7	98.5					

（四）能量子系统用能分析

园区能源管理部门及园区下属企业对园区能量系统的部分子系统进行了现场调查和测试，结果如下：

（1）根据日常记录的数据资料，按照《企业供配电系统节能监测方法》（GB/T 16664 - 1996），对园区供电系统进行测试，园区二班制供电系统日负荷率是 65%，交流电路功率因子是 0.90，线损率是4% 左右。

（2）加热炉能量平衡。对园区企业能耗统计数据进行分析后发现，家电生产过程中喷粉工艺段固化炉是能量系统中的重点耗能设备，其能源消费量占企业消费量的 17%—75%（见表 8 - 15）。

表 8 - 15　企业重点用能设备能源消费量与企业能源消费量对比

单位：吨标准煤,%

部门	全厂消耗量	审核重点消耗量	占全厂的比例	备注
热水器	4921.344	836.628	17	2011 年
冷柜	3620.800	1260.000	34.8	2011 年
商用空调	2662.000	1668.000	62.66	2011 年
特钢	3187.970	2369.410	74.32	2012 年上半年
洗碗机	619.480	371.640	60	2011 年

根据《工业电热设备节能监测方法》（GB/T15911 - 1995）对部分企业固化炉进行能量测试。黄岛 H 热水器有限公司固化炉采用电力加热，测试周期内有效能 253958 千焦、损失能 646042 千焦。测试结果显示，喷粉炉热效率为 28.22%（见表 8 - 16、图 8 - 8）。

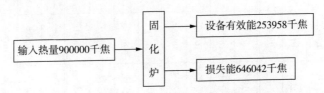

图 8 - 8　黄岛 H 热水器有限公司固化炉能量平衡

表8-16 黄岛 H 热水器有限公司固化炉能量平衡

输入			输出		
项目	数值	单位	项目	数值	单位
输入热量	900000	千焦	有效能	253958.0	千焦
			进、出口散热损失	46687.6	千焦
			炉体散热损失	116789.4	千焦
			挂具吸收散热损失	62264.0	千焦
			排风散热损失	277020.0	千焦
			其他散热损失	143190.0	千焦
合计	900000	千焦	合计	900000.0	千焦

黄岛 H 特种电冰柜有限公司固化炉采用天然气加热，测试周期内有效能2038822.5千焦、损失能4081902.7千焦。测试结果显示，喷粉炉热效率为33.31%（见表8-17、图8-9）。

表8-17 黄岛 H 特种电冰柜有限公司固化炉能量平衡

输入			输出		
项目	数值	单位	项目	数值	单位
输入热量（天然气）	6120725.2	千焦	有效能	2038822.5	千焦
			进、出口散热损失	554083.2	千焦
			固化炉表散热损失	897520.0	千焦
			挂具吸收散热损失	530227.5	千焦
			排风散热损失	1931160.0	千焦
			其他散热损失	168912.0	千焦
合计	6120725.2	千焦	合计	6120725.2	千焦

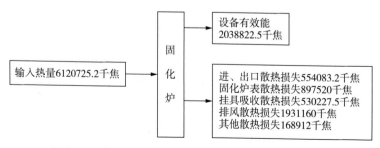

图8-9 黄岛 H 特种电冰柜有限公司固化炉能量平衡

　　黄岛 H 商用空调电子有限公司固化炉采用电力加热，测试周期内有效能 1441188 千焦、损失能 3402430 千焦。测试结果显示，喷粉炉热效率为 29.75%（见表 8-18、图 8-10）。

表 8-18　　　　　　黄岛 H 商用空调有限公司固化炉能量平衡

能源类别	输入总量	输出总量	
		有效能	损失能
电	4843620 千焦	1441188 千焦	3402430 千焦

图 8-10　黄岛 H 商用空调有限公司固化炉能量平衡

　　黄岛 H 特钢有限公司固化炉采用天然气加热，测试周期内有效能 4039 千焦、损失能 8389 千焦。测试结果显示，喷粉炉热效率为 32.45%（见表 8-19、图 8-11）。

表 8-19　　　　　　黄岛 H 特钢有限公司固化炉能量平衡

能源类别	输入总量	输出总量	
		有效能	损失能
天然气	12428 千焦	4039 千焦	8389 千焦

图 8-11　黄岛 H 特钢有限公司固化炉能量平衡

　　黄岛 H 洗碗机有限公司固化炉采用电力加热，测试周期内有效能 5584225 千焦，损失能 21632445 千焦。测试结果显示，喷粉炉热效率为 20.52%（见表 8 - 20、图 8 - 12）。

表 8 - 20　　　　　黄岛 H 洗碗机有限公司固化炉能量平衡

输入			输出		
项目	数值	单位	项目	数值	单位
输入热量	27216000	千焦	有效能	5584225.0	千焦
			进、出口散热损失	1265760.0	千焦
			炉体散热损失	514684.8	千焦
			挂具吸收散热损失	885040.0	千焦
			排风散热损失	1426248.0	千焦
			其他散热损失	17540712.0	千焦
合计	27216000	千焦	合计	27216000.0	千焦

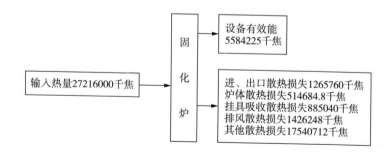

图 8 - 12　黄岛 H 洗碗机有限公司固化炉能量平衡

二　黄岛 H 工业园能量系统优化潜力分析

H 集团通过推广和采用节能新技术、新设备和新材料，加速节能技术改造，实现了能源利用率的提高。H 集团万元产值能耗由 2005 年的 0.0152 吨标准煤/万元下降到 2011 年的 0.01222 吨标准煤/万元，下降了 19.6%。作为 H 集团全球工业园的重要组成部分，黄岛 H 工业园万元产值能耗实现了同步下降（见表 8 - 21、图 8 - 13）。但是与一些先进园区相比，万元产值能耗仍有下降空间[1]，整个园区能

———————

[1]　2009 年美的武汉工业园万元产值综合能耗为 0.01105 吨标准煤/万元。

量系统仍旧存在一定的优化潜力。

表 8 – 21 　　　　　2005—2011 年黄岛 H 工业园万元产值能耗

　　　　　　　　　　　　　　　　　　　　　　　　　　　单位：吨标准煤/万元

年份	2005	2006	2007	2008	2009	2010	2011
数值	0.0152	0.0145	0.0139	0.01347	0.0131	0.01262	0.01222

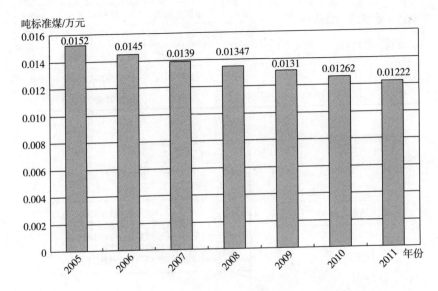

图 8 – 13　2005—2011 年黄岛 H 工业园万元产值能耗变化

（一）能源消费结构合理性分析

　　黄岛 H 工业园目前所消费的能源主要有电力、天然气、液化石油气和蒸汽等。这些能源均为常规能源，缺少新能源和可再生能源。这不仅与国内外一些已经开始尝试采用可再生能源的先进园区相比存在一定的差距，也不符合未来的发展趋势。如日本三洋电机株式会社在加西（兵库县加西市）建设的"加西绿色能源工业园区"就利用了太阳能。这一装机容量为 1 兆瓦的太阳能发电系统是由在办公楼屋顶和墙面上安装的太阳能电池组成，可提供能源管理大楼 90% 的用电。我国苏州工业园区中 AMD 苏州公司利用厂区屋顶及车棚共计 678 平方米的顶部空间，安装了太阳能并网发电系统和风能离网发电系统，产生的电能并入公司低压电网，用于厂区公共设施和办公用电。

（二）能源计量和统计体系完善性分析

能源计量体系是能源统计的基础。从现场情况看，园区内企业公司的一、二级计量仪表配置较为完善，但针对主要用能设备的三级计量仪表配置相对薄弱。受现场作业条件和安装难度的影响，部分企业并没有达到《用能单位能源计量器具配备和管理通则》（GB17167-2006）所要求的能源计量器具配备率的要求。

能源统计是能耗分析的基础，也是能量系统优化的基础。黄岛 H 工业园已基本建立了能源统计体系，由青岛 H 能源动力有限公司负责园区能源和水资源消费的统计，并对园区内企业用能行为进行监测。但是由于 H 能源动力公司与园区内企业之间不存在产权或行政隶属关系，无法对企业内部生产过程的能源消费情况进行统计。此外，由于能源统计信息化建设相对滞后，造成许多能源消费统计数据丢失，或者由于计量设备问题，采集的数据不准确，无法辅助能源动力部门的决策。

能源统计分析对指导园区的节能工作，提高企业经济效益有着十分重要的意义。黄岛 H 工业园能按照相关要求按时填写上报能源统计数据，但是对于统计数据的分析却缺乏足够的重视。园区内很多企业并没有意识到能源的节约意味着企业利润的增加。许多企业在进行能源消耗统计分析中，往往只是将能源消耗量与产量对比分析，并没有将能源价值量体现出来。这就使生产部门拿到分析报告后，缺乏直观的认识。

（三）园区部分能量子系统配置运行分析

黄岛 H 工业园建设时间较早，且采用"边招商，边建设，边生产"的滚动式发展模式，而非一次性整体建设，故园区内企业公用工程系统未进行整体能量系统优化设计，能源管网基础设施的设计缺乏长远规划，造成部分管网布置不合理，致使企业供能系统效率较低。

这其中主要表现在以下几个方面：一是蒸汽系统，园区内蒸汽凝结水没有回收，部分管网和设备的保温性能差，进而致使管网蒸汽损耗大。比如，2012 年月度蒸汽损耗在 300—800 吨。二是压缩空气系统，压缩空气从园区一端统一供应，传输管网过长，传输过程中气体泄漏难以避免，由此导致管损偏大。三是变电站，位于园区一侧，相对于园区中间位置损耗要高一些。

（四）主要终端耗能设备能效分析

园区企业的耗能设备能源效率整体上处于行业中等偏上水平，但是仍有个别工段的耗能设备能效相对较低，具有较大节能潜力。比如，尽管部分企业喷粉工艺加热系统热效率均符合国家标准，但是采用电力加热的固化炉热效率低于使用天然气加热的固化炉热效率。仍有部分企业继续使用已被国家淘汰的 Y 系列电机。如某企业钣金成型线配套使用的 Y160L－4 电机，喷粉前处理线配套使用的 Y2－160M1－2 电机就属于 2012 年 4 月国家工信部公布的《高耗能落后机电设备（产品）淘汰目录（第二批）》中的设备。车间照明系统自然光利用不足、环境照明多、操作机台工位照明少等都造成了电力的浪费。园区尚未采用模拟优化软件或先进控制技术，系统或装置的运行管理水平相对落后。

此外，由于家电生产余热产生量较少，园区内企业大多认为其没有太大的回收利用价值，对余热回收重视程度较低。究其原因主要是企业不够重视对现有余热资源的计算和评价，也就是说，很少有企业对自己的余热排放量进行测量和计算，对排放的烟气、蒸汽、冷凝水余热也没有做过计算和评价。此外，对余热回收利用的潜力和技术经济性也缺少足够的分析和评价。同时，企业对余热资源的管理没有具体的、成熟的管理制度和方法，对现有余热资源缺乏有效的管理，在一定程度上也制约了余热资源的进一步利用。

三 黄岛 H 工业园能量系统优化思路和目标

（一）黄岛 H 工业园能量系统优化思路

运用能源系统分析的方法，在确保园区企业产品质量，稳定企业生产能源供应的基础上，遵循能量梯级利用的原理，通过资源整合，从园区能量系统的优化设计入手，依靠技术创新和管理创新，实现能量系统的优化控制和优化运行（管理），建设资源消耗低、环境污染少、经济和环境协调统一的可持续发展体系，将黄岛 H 工业园建设成资源节约型、环境友好型的工业园区。

1. 坚持重点突出的原则

黄岛 H 工业园能量系统优化要立足当前、着眼长远，从确保园区产业健康良性发展的角度，按照系统建设的要求进行科学谋划，重点解决影响能量系统运行效率的主要矛盾，切实提高能量系统运行能力。

2. 坚持创新的原则

充分重视技术创新的重要作用，通过淘汰落后设备工艺，推广应用节能技术，利用先进的低碳节能技术，逐步替代高碳落后技术，提升企业生产力。依靠管理创新，完善能源管理手段，健全能源管理制度，改变企业不合理的用能行为。

3. 坚持系统的原则

黄岛 H 工业园能量系统作为一个整体，各组成部分之间具有层次关系并相互联系、配合、制约。在进行能量系统优化设计时，必须遵守系统性原则，一方面，优化整个能源结构，增加清洁能源、可再生能源比重，充分利用余热余压，提高能源利用效率；另一方面，优化园区布局、工艺布局。在选择优化技术和方案时不能仅考虑某一设备或子系统的最优，而应从整个系统的角度去考察，进行合理设置，实现整体最优。

4. 坚持资源、能源与环境一体化的原则

能量系统优化不仅仅只考虑能源使用的节约，资源的节约和综合利用同样会降低能源消耗，因此在生产环节要优先实施资源节约利用，最大限度减少废弃物产生，同时避免能量系统优化过程中环境污染问题。

（二）黄岛 H 工业园能量系统优化目标

充分运用能量系统的规划设计、系统工程的优化建模等方法，通过优化能量系统的供给、转化、分配和使用，使黄岛 H 工业园能量的供给与需求达到最优匹配。通过能量系统的优化，在满足能量需求的条件下，使黄岛 H 工业园实现能量系统的总燃料消耗最低、能量系统的总成本最低、能量系统的总排放物最低。

（三）黄岛 H 工业园能量系统优化的任务

黄岛 H 工业园能量系统优化的任务主要包括四个方面：一是在园区企业中推行清洁生产，完成清洁生产审核；二是引导企业调整能源消费结构，提高可再生能源使用比重；三是淘汰落后设备装置，推广使用相关节能技术，提高能源利用效率；四是完善能源管理制度，构建能源管理体系。

四　黄岛 H 工业园能量系统优化方案

（一）黄岛 H 工业园能量系统优化方案的汇总和筛选

家电生产属于产品工业，即以过程工业生产的产品为原料，生产过程不连续，主要对原料进行物理加工或机械加工，原料在生产过程中主要发生物理变化。针对以上特点，黄岛 H 工业园能量系统优化主要有如下优化方案。

1. 园区层面能量系统优化方案

从整个园区角度对能量系统进行优化，主要包括园区能量流程设计优化、公用工程系统优化、平面布置设计等。具体方案措施包括：

一是能源消费结构优化，适当增加园区可再生能源的使用。根据青岛市的自然资源条件，可配置太阳能发电系统或风电互补电力供应系统。

二是供配电系统优化，调整变电站位置，提高电网功率因数，采用节能设备和技术，提高能量转换过程效率，减少电力传输过程中的损耗。

三是蒸汽系统运行优化。园区使用的蒸汽均为外购蒸汽。园区内 H 特钢、特冰、冰箱中一、中二等部分企业蒸汽系统能量消耗占全厂能耗的较大部分。因此，可以从优化蒸汽管网运行，合理调整流量，做好保温排凝入手，根据生产条件变化，优化供汽管线运行，对间接使用蒸汽的管线、设备，安装适当的疏水器，回收利用凝结水。

四是空压系统优化。可按照模块化配置的思路，适当调整空压站（机）的设置，在距空压站较远的企业内部中安装空压机，设置空压站，以改变园区空压管路长，损耗高的状况。

五是储运系统优化，调整液化气站位置以减少能源的损耗。

六是用水系统优化，主要措施包括用水结构优化、循环水串级利用、提高循环水浓缩倍数、采用水夹点技术实现水的梯级利用、强化凝结水回收等。

2. 工艺过程改进方案

改进工艺过程是企业节能降耗的重要手段。通过改进工艺降低总用能和过程损耗，可从源头实现节能降耗。主要方案措施包括：

一是优化物料传输，避免不必要的物料输送，停开或少开机泵，以减少电能消耗。

二是改变工艺加热源，将电加热改为天然气加热，对燃油锅炉进行燃气改造，提高热效率，降低能源使用成本。

三是开发新工艺，提高生产线操作柔性，通过过程耦合，提高物料转化率，降低过程能耗。

四是优化单元设备及操作，即通过采用单元强化手段提高单元设备的能量利用效率。比如，加热炉采取强化燃烧、控制过剩空气、减少表面散热损失、加强烟气余热回收、控制燃料硫含量、降低排烟温度等措施提高能效；机泵设备按照工艺条件合理匹配，并应用各种调速技术和耦合技术减少负荷浪费。

五是改造生产照明系统，适当减少生产系统环境灯数量，增加生产系统操作工位灯，充分利用自然采光。

3. 余热回收利用方案

通过技术经济分析，确定有价值的余热资源，通过多个进行冷、热流优化匹配的装置间的热联合，实现余热回收。结合园区实际，主要方案措施包括：

一是空压机余热回收，利用空压机热交换器，降低压缩空气温度，实现空压机余热回收。此方案应在确认余热利用对象后再进一步实施。

二是加装废气回收利用设备，在高温（≥760℃）下将有机废气氧化成 CO_2 和 H_2O，从而使排出的有机废气得到净化，氧化产生的高温气体经过陶瓷蓄热体加热，预热进入燃烧器的新鲜空气，节省天然气消耗。

4. 管理系统优化方案

借助现代信息技术、先进控制技术及能源管理技术和工具，对园区整个能源系统运行情况进行监测、统计、分析和预警，建立稳定可靠的能源管理系统，为能源管理决策提供支持。主要方案措施包括：

一是园区能源管理信息系统。通过对园区内各种用电、用水和用能设备的集中控制和管理，动态监测园区能耗，找出园区节能点，实现园区能源管理精细，实现管理节能的目标。

二是园区企业能源管理信息系统。通过能源实时数据的采集和能源数据的管理整合，实现企业能源预测、质量管理，统一调度，优化能源供需平衡，降低单位产品能耗和提高劳动生产率。

以上优化方案中，工艺过程改进方案多为无/低费方案，园区层面优化方案、园区能源管理信息系统建设方案为中/高费方案，余热回收优化方案中空压机余热回收为无/低费方案，加装废气回收利用设备方案为中/高费方案。

（二）H 工业园能量系统优化无/低费方案

通过对 H 工业园能量系统现状的调查，并从经济效益、资源消耗、环境效益、实施难易程度等方面进行反复论证，总结出无/低费方案（见表 8 – 22）。

表 8 – 22 　　　　黄岛 H 工业园能量系统优化无/低费方案

编号	方案名称	建设内容	所需资金（万元）
1	用能知识培训	进行用能知识培训，强化员工节能意识，培养员工良好用能习惯	0.0
2	节能宣传工作	通过企业网站、内刊或张贴标语，宣传企业节能的意义方法，鼓励员工提出节能建议	0.0
3	完善能源统计制度	从完善制度入手，加强能源统计管理工作，完善统计分析制度，运用能源统计分析结果指导园区节能工作	0.0

续表

编号	方案名称	建设内容	所需资金(万元)
4	连续性生产节能方案	调整生产作业安排，对于烘干线，为减少预热时间，将线体运转时间由 12 小时变为 24 小时，以减少预热时间，实现节能省电	0.0
5	优化物料传输	H 冰柜生产线设备提速，减少设备更换时间以便提高生产效率及生产节拍	2.2
6	夹具电机替代	特冰事业部采用国产双速电机替代进口电机，提高效率，节约能源	1.0
7	余热利用	蒸汽管路安装疏水器，回收冷凝水，降低蒸汽消耗	0.2
8	节能灯交互开关	给车间屋顶的节能灯管增加交互开关，按 A、B、C、D 方式连接，光照充足的时候，开单排节电	1.4
9	节能电机更换	将注塑机的三相异步电机更换为伺服电机	10.0

（三）H 工业园能量系统优化中/高费方案

通过对 H 工业园区能量系统现状的调查，并从环境效益、经济效益、实施难易程度等方面进行反复论证，总结出中/高费方案（见表 8-23）。

表8-23　　　　黄岛 H 工业园能量系统优化中/高费方案

编号	方案名称	建设内容	所需资金（万元）
1	太阳能光电利用项目	在厂房屋顶安装太阳能光伏发电设备	1430
2	天然气置换液化气	商用空调事业部使用液化气满足生产中的能源需求，建议以天然气置换液化气	42
3	喷粉电改气项目	家电生产涂装线中是烘干生产线优化运行节能改造，改造内容是将原电加热方式变为天然气加热方式	100
4	RTO 废气回收与余热利用项目	将烘箱废气重新燃烧，分解废气中有机物质，并回用燃烧后废气热量。加热新鲜空气后送入烘箱，降低天然气费用，减少有机物气体排放，减少污染	98

五　H工业园能量系统配置与优化审核的结论和建议

（一）H工业园能量系统配置审核的结论

（1）黄岛H工业园的能量系统由变电站、空压站、换热站、液化气站、自来水泵站以及天然气、液化气、蒸汽、压缩空气、纯水、废水等公用管网子系统构成。其能源管理由青岛开发区H能源动力有限公司负责。

黄岛H工业园中的企业均为轻工企业，外购能源消耗品种主要包括电力、天然气、液化石油气和蒸汽等。

（2）黄岛H工业园年电力消费量在1.4亿—1.7亿千瓦时，每年的用电高峰一般为8月，用电低谷为每年年初1月或2月和年中的10月；液化石油气消费趋势相对比较平稳；蒸汽消费量在年初1月、2月最高，3月开始大幅下降。

（3）黄岛H工业园能量系统运行中主要存在以下几个问题：一是能源消费品种均为常规能源，无可再生能源；二是能源计量和统计体系尚待完善，园区缺少深入的能源统计分析；三是园区部分能量子系统设计运行不科学；四是主要终端耗能设备能源利用效率仍有潜力，园区企业余热资源利用不足。

（4）黄岛H工业园应坚持重点突出、创新、系统、资源能源与环境一体化的原则实施能量系统优化，以达到"三低"（总燃料消耗最低、总成本最低、总排放物最低）的目标。

（5）黄岛H工业园能量系统优化可以从四个方面入手：一是园区层面能量系统优化，二是工艺过程改进优化，三是余热回收利用，四是能源管理系统优化。

（6）经技术经济分析，筛选了9个无/低费方案，3个中/高费方案（见表8-24）。这些方案实施后可使园区可再生电力的比重上升1个百分点，累计节约能量折合标准煤566.14吨/年。这将有助于工业园区清洁生产审核指标中可再生能源利用占比、企业单位增加值综合能耗等指标的完成。

表 8 - 24　　　　　　　园区能量系统优化方案效益

方案类别	项目	预期投资（万元）	经济效益（万元/年）	节能量	备注
无/低费方案	用能知识培训	0	—	—	营造节能氛围，塑造节能文化，提高节能管理水平
	节能宣传工作	0	—	—	
	完善能源统计制度	0	—	—	
	连续性生产节能方案	0	2.64	2.2 万千瓦时/年	
	优化物料传输	2.2			箱体发泡生产效率提高 10%
	夹具电机替代	1	3	2.5 万千瓦时/年	
	余热利用	0.2	0.92		
	节能灯交互开关	1.4	9.88	8.24 万千瓦时/年	
	节能电机更换	10	28.88	24.1 万千瓦时/年	
中/高费方案	太阳能光电利用项目	1430	85.9	426.4 吨标准煤/年	CO_2 减排量 1066 吨，SO_2 减排量 5.97 吨
	天然气置换液化气	42	14.6（减少支出）	94 吨标准煤/年	
	喷粉电改气项目	100	103	1260 千瓦时/年	
	RTO 废气回收与余热利用项目	98	80	—	减少有机废气排放

（二）黄岛 H 工业园能量系统优化的主要建议

1. 完善能源监测体系的功能

园区内生产企业应进一步完善现有的能源监测体系，保证能源监测覆盖整个生产流程。园区应按照能源供应品种和用能部门的不同，将能量系统分为纵向子系统和横向子系统并使之交错汇集。纵向系统按照能源品种不同可分为供热、电力、压缩空气、燃气（天然气或煤气）等子系统，横向系统按照使用单位不同分为动力、生产车间、仓储等子系统。各横向子系统之间、纵向子系统之间独立运行，但每个横向子系统均与每个纵向子系统连通，使每种能源的供与用形成一个小闭环系统。所有子系统信息均能够集中于能源管理体系中，为能源调控提供准确、及时、科学、有效的基础数据信息。

2. 提升三级计量和能源统计水平

在不改变工艺、不影响正常生产的情况下，增加三级计量仪表配置量，使主要用能设备计量仪表配置率达到《用能单位能源计量器具配备和管理通则》（GB 17167 - 2006）要求，并完善能源计量器具量值传递或溯源图。

园区能源统计工作不能仅仅停留在收集、整理数据以及填写报表的阶段，应充分借助相关分析方法，加强能源统计数据的分析和运用，提高能源统计的科学性。通过能源统计分析，了解能源利用现状，预测未来企业能源需求，查找问题，挖掘潜力，提出切实可行的节能降耗措施和节能技改项目，并跟踪评估节能技改项目实施后的节能效果。

3. 加强能源统计培训工作

能源统计是一项专业性很强的工作。统计人员不仅需要过硬的专业技术知识，更需要弄清楚能源管理的重要性及其对企业的意义所在。他们的业务水平对能源统计工作的顺利开展和统计数据质量都有很大的影响。能源统计培训不仅是对统计知识的培训，更重要的是节能理念灌输和宣传。园区能源管理机构应将能源统计知识培训范围扩大到企业班组中，切实帮助企业员工深入理解能源统计分析对节能降耗，乃至对企业效益提升的意义。

4. 提高余热回收利用意识，提高行业环保意识

与重工业企业的余热量相比，家电行业的余热总量只是很小一部分，这也是很多企业对余热资源利用不很重视的原因。但是，在能源和环境要求越来越高的背景下，即使轻工行业的企业也开始把清洁生产和环境保护作为自己产品形象的一部分，在社会上获得了较高的声誉。家电行业要想提高自己的社会形象，最好能在节能和环保方面做得更好一些。在余热回收利用方面，不但要考虑经济效益，也要考虑社会和环境效益。

根据调查，多数家电企业对自己的余热排放量没有进行测量和计算，缺乏对余热资源的评价和管理。家电企业下一步应加强对余热资

源的测试和计算，并对现有余热资源进行分析和技术经济评价，合理规划余热回收与利用。近期应先确认空压机余热资源使用的对象和范围，再进行余热回收方案设计以及技术经济评价。建立余热资源管理规范标准，从家电生产工艺、余热的测量与计算、管理规范、余热回收设备以及余热回收利用的措施等多方面加强对余热资源的管理，提高企业余热回收利用率和能源管理水平。

5. 推进企业能源管理的信息化建设

能源数据采集与统计是能源管理信息化的基础。园区企业应根据能源统计工作的需要提高企业计量器具的精度，逐步更换具有数据远程传输功能的计量器具，在此基础上，整合企业现有用能设备自动控制系统，构建企业的能源管控平台，通过能源管理信息系统，实现能源数据的动态采集、传输和汇总。逐步实现企业能源管控系统与生产制造、企业资源计划、设备监测维护等信息系统的融合，推进管理系统与生产系统的集成化和协同化应用。在此基础上，构建园区层面的能源管控的网络化信息平台，实现园区内能量系统的高效协同和优化配置。

6. 加快企业能源管理体系建设

能源管理体系建设是运用现代管理理论，将过程分析方法、系统工程原理和质量管理中 PDCA 的循环管理理念引入企业能源管理，建立覆盖企业能源利用全过程的管理体系。我国于 2009 年 4 月发布了国家标准《能源管理体系要求》（GB/T23331 - 2009），并于 2009 年 11 月 1 日正式实施。这对强化结构节能与技术节能，提高企业能源管理水平具有十分重要的意义。

将能源管理体系建设作为园区未来可持续发展的战略选择，园区应依托 H 集团，组建专门工作团队，推进园区内企业能源管理体系建设。工作团队帮助指导企业分析能源管理现状，制定体系建设工作方案，明确职责、任务、措施、进度等要求。同时，开展相关业务培训，使能源管理有关人员全面掌握能源管理体系建立、实施和改进的方法。园区企业则按照国家标准 GB/T23331 要求，组织制定能源管理体系相关文件，认真做好能源管理体系文件的发布、学习、执行、监视测量等重点工作，完善能源利用过程控制措施，确保能源管理体系持续有效运行。

在此基础上，园区能源管理机构还应协助企业定期开展能源管理体系评价审核，检查分析体系运行情况，评价能源管理体系建设目标实现程度，验证相关管理措施是否到位。针对发现的问题，及时采取纠正和预防措施，不断改进能源管理体系，持续优化能源管理，提高企业能源利用效率。

六　附录——相关方案的技术经济分析

（一）单台高效电机改造的技术经济分析

我国电机耗电占社会总耗电量的60%以上，电机系统运行效率比国外先进水平低25%—30%。在节能减排的大背景下，电机系统节能工程被列为国家"十二五"十大重点节能工程。

截至2012年3月，国家发改委和财政部共同下发了四批次"节能产品惠民工程"高效电机的推广目录，并制定了相应财政补贴政策（见表8-25）。

表8-25　　　　　　　　高效电机推广财政补贴标准

产品类型	额定功率（千瓦）	补贴标准（元/千瓦）	
		1级	2级
低压三相异步电机	0.55≤额定功率≤22	40	35
	22＜额定功率≤315	20	15
高压三相异步电机	355≤额定功率≤25000	12	
稀土永磁电机	0.55≤额定功率≤22	60	
	22＜额定功率≤315	40	

资料来源：《节能产品惠民工程高效电机推广实施细则》。

1. 技术评估

高效电机其实是在普通效率电机的基础上，通过优化电机生产工艺、采用先进的转子结构及优化的电磁场设计，使电机的工作效率比普通电机提高3—5个百分点（见表8-26）。

表 8 – 26 低压超高效电机、高效电机
（再制造）与淘汰电机的对比

类型	系列	主要材料	绝缘等级	能效等级 （GB18613）	防护等级	效率对比
淘汰电机	Y、Y2	热轧硅钢	B	3	IP44/IP54	单位 1
高效电机	YX3、YE2	冷轧硅钢	F	2	IP55	平均高 3%
超高效电机	YE3	冷轧硅钢	F	1	IP55	平均高 5%

2. 节能量评估

相比普通电机，选用高效电机一年节电量可用下面的公式进行计算：

$$W = T \cdot F \cdot P_N \left(\frac{1}{\eta_L} - \frac{1}{\eta_H} \right)$$

式中：W 为年节电量，千瓦时；

T 为年运行小时数，小时；

P_N 为电机额定功率，千瓦；

F 为电机年平均负载率，$F \leqslant 1$；

η_L 为普通电机效率，%；

η_H 为高效电机效率，%。

应用高效电机投资成本回收理论分析示例。

以 7.5 千瓦、4 极的 Y2 和 YX3 电机为例，其性能指标如表 8 – 27 所示。

表 8 – 27 两种电机性能指标对比

型号	额定功率	能效等级	效率	功率因数	电压	电流
YX3 – 132M – 4	7.5 千瓦	2 级	90.1%	0.86	380 伏	14.71 安
Y2 – 132M – 4	7.5 千瓦	3 级	87.0%	0.85	380 伏	15.23 安

其对应的单位理论节电量如下：7.5 ×（1/0.87 – 1/0.901）× 1 = 0.2966 千瓦时

年运行 3000 小时，节电量 $W = 0.2966 \times 3000 = 889.8$ 千瓦时

年运行 5000 小时，节电量 $W = 0.2966 \times 5000 = 1483$ 千瓦时

年运行 7000 小时，节电量 $W = 0.2966 \times 7000 = 2076.2$ 千瓦时

高效电机的效率和功率因数均高，电机的额定电流较小，进而还可实现系统节能（可减少线路损耗、变压器损耗等）。

3. 经济评估

相比普通电机，选用高效电机一年的节电费为：$MY = W \times Ce$

式中：Ce 为电价，元/千瓦时；

MY 为年节电费，元。

静态投资回收期：$YHL = CH/MY$

式中：YHL 为买高效电机的偿还期，年；

CH 为高效电机价，元/台；

MY 为年节电费，元。

选用 YX3 高效电机，相对于 Y2 电机，不同运行时间节约电费额度分别为：

年运行 3000 小时，节约电费 $MY = 889.8 \times 0.72 = 641$ 元

年运行 5000 小时，节约电费 $MY = 1483 \times 0.72 = 1068$ 元

年运行 7000 小时，节约电费 $MY = 2076.2 \times 0.72 = 1495$ 元

其静态投资回收期如表 8 – 28 所示。

表 8 – 28 不同运行时间的经济效益

年运行时间（小时）	3000	5000	7000
年节电量（千瓦时）	889.8	1483	2076.2
年节约电费（按 0.72 元/千瓦时）（元）	641	1068	1495
国家财政补贴（35 元/千瓦）（元）		262.5	
静态投资回收期（按单价 2000 元计算）（年）	1.95	1.63	1.16

综上所述，采用高效电机不仅可以实现耗电量的减少，还具有明显的经济效益，并且改造的成本经测算可在经济范围内回收。

（二）太阳能光电利用项目方案的可行性分析

1. 资源条件

项目所在地青岛位于山东半岛南端（北纬35°35′—37°09′，东经119°30′—121°00′），黄海之滨。青岛市地处北温带季风区域，属温带季风气候。根据对当地的太阳辐射气象站的观测数据进行分析，本项目所在地平均年日照时数2464小时，年总辐射量为5128.7兆焦/平方米，根据《太阳能资源评估方法》（QX/T 89-2008）中太阳能资源丰富程度的分级评估方法，该区域的太阳能资源丰富程度属Ⅲ类区，即"资源较丰富"（5016—5852兆焦/平方米·年），在该区域适宜进行光伏电站的建设，且有较好的经济性。

2. 项目建设内容

太阳能光电利用项目拟建设太阳能光伏电站，由4300块太阳能电池组件阵列，利用新型铝合金夹具分别安装在园区内已建成的各厂房屋顶彩钢瓦上，光伏阵列面积12000平方米，装机容量1兆瓦，经分组串并，分别接入防雷汇流箱，再经过直流配电柜分别接入并网逆变器，通过并网柜并入用户侧。

系统采用太阳能电池峰值235瓦组件，主要技术参数见表8-29。

表8-29　　　　　　　　系统组件技术参数情况

名称	技术参数
标准功率	235瓦（峰值）
峰值电压	29.5伏
峰值电流	7.98安
短路电流	8.50安
开路电压	37.1伏
系统电压	1000伏（最高）

本工程中太阳能电池方阵功率为1兆瓦，根据相关并网技术原则，直流电逆变为270伏交流后升压到10千伏并入厂区35千伏变电站10千伏母线侧。光伏系统总效率为82.5%；组件12年的衰减小于

10%，25 年的衰减小于 20%，平均年发电量为 130 万千瓦时，25 年累计发电量 3250 万千瓦时。系统费效比为 1.34 元/千瓦时。

3. 项目方案经济效益分析

应税利润 = 年节电量 × 平均电价 − 设备折旧（五年均值）= 130 × 1.03 − 48 = 85.9 万元

净利润 = 应税利润 − 税 = 85.9 − 85.9 × 15% = 73 万元

年净现金流量(F) = 净利润 + 折旧 = 73 + 48 = 121 万元

$$静态投资回收期(N) = \frac{总投资(I)}{年净现金流量(F)} = \frac{1430 - 550}{121} = 7.3 \ 年$$

$$净现值 \ NPV = \sum_{t=1}^{n} (CI - CO)_t (1 + i)^{-t} = 246 \ 万元$$

式中，i 为贴现率，n 为折旧年限，t 为年份。

$$内部收益率 \ IRR = i_1 + \frac{NPV_1(i_2 - i_1)}{NPV_1 + |NPV_2|} = (12 + 0.69)\% = 12.69\%$$

式中，i_2 为当净现值 NPV_1 为接近零的正值时的贴现率，i_1 为当净现值 NPV_2 为接近零的负值时的贴现率。

太阳能光电利用方案经济评价指标如表 8 − 30 所示。

表 8 − 30　　　　　太阳能光电利用方案经济效益评价指标

指标类别	经济评价指标
总投资费用	1430 万元
国家补贴	550 万元
年发电收入	133.9 万元
新增设备年折旧费	48 万元
应税利润	85.9 万元
净利润	73 万元
净现值	246 万元
内部收益率	12.69%
投资偿还期	7.3 年

4. 项目方案环境效益分析

太阳能属于可再生能源。光伏发电在发电过程中，既不直接消耗资源，又不释放污染物、废料，也不产生温室气体破坏大气环境，也不会有废渣的堆放、废水排放等问题，有利于保护周围环境。

太阳能光伏屋顶项目装机容量约为 1 兆瓦，系统生命周期内年均可发电 130 万千瓦时，以每千瓦时电力等价值折 328 克标准煤计算，则该项目每年可替代 426.4 吨标准煤的常规能源。参照传统火力发电污染物排放，以吨标准煤 CO_2 排放量 2.5 吨、吨标准煤 SO_2 排放量 17 千克计算，项目年环境效益和系统环境效益如表 8 – 31 所示。

表 8 – 31　　　　　　太阳能光电利用项目方案环境效益评价

项目	年均	25 年合计
发电量（十万千瓦时）	130	3250
CO_2 减排量（吨）	1066	26650
SO_2 减排量（吨）	5.97	149.24

太阳能光伏发电运行期间对环境的影响涉及四个方面：

（1）光污染及防治措施。光伏电池组件内的晶硅板片表面涂覆有一层防反射涂层，同时封装玻璃表面已经过特殊处理，因此太阳能电池组件对阳光的反射以散射为主。其总反射率远低于玻璃幕墙，无眩光，故不会产生光污染。

（2）噪声影响。太阳能光伏发电运行过程中产生噪声的只有变压器，本项目中选用先进的高性能低噪声变压器，运行中产生的噪声极小。逆变器由电子元器件组成，运行中的噪声可以忽略。

（3）电磁场的影响。本项目远离生活区，且逆变器、变压器等电气设备安装在有一定屏蔽功能的钢筋混凝土建筑内，磁场外泄的可能性极小。

（4）对电网的影响。太阳能光伏发电运行中，选用的逆变器装置产生的谐波电压的总谐波率被控制在 3% 以内，远小于《电能质量公用电网谐波（GB14549 - 1993）》规定的 5%。并且对电网公共连接点的三相电压不平衡度不超过《电能质量三相电允许不平衡度（GB 15543 - 1995)》规定的数值，接于公共连接点的每个用户，电压不平衡度允许值一般为 1.3%。因此，本项目采取有效措施使其对电网的影响控制在国家允许的范围内。

综上所述，太阳能光电利用项目方案在技术、经济上是可行的。

（三）天然气替换其他能源项目可行性分析

目前园区内企业很多烘干线加热方式采用电加热或柴油加热，相对于天然气而言，性价比较低。

1. 天然气的主要成分

天然气传输使用前，要先净化，去除重烃、水、油、颗粒物、含硫气体等杂质，然后再经过深冷液化，成为液化天然气。其组分及物性参数见表 8 - 32。

表 8 - 32　　　　　　　　　　天然气物性参数

序号	项目	数值	序号	项目	数值
1	N_2，mol%	0.28	16	气相密度	
2	C_1，mol%	93.49	17	0℃，kg/Nm³	0.7931
3	C_2，mol%	3.90	18	20℃，kg/m³	0.7384
4	C_3，mol%	1.71	19	液态/气态膨胀系数	
5	iC_4，mol%	0.33	20	0℃，Nm³/m³ 天然气	567.7
6	nC_4，mol%	0.28	21	20℃，Nm³/m³ 天然气	609.3
7	iC_5，mol%	0.002	22	0℃状态下，1.01325bar	
8	nC_5，mol%	0.002	23	低热值，kJ/m³	39934
9	硫化氢：(ppm in volume)	<3.5	24	高热值，kJ/m³	44241
10	总硫份：(mg/kg)	33.5	25	华白指数，kJ/m³	54484
11	杂质及其他	无	26	20℃状态下，1.01325bar	
12	分子量，kg/kmol	17.37	27	低热值，kJ/m³	37185
13	气化温度，T	-161.40	28	高热值，kJ/m³	41191
14	液相密度，kg/m³	449.15	29	华白指数，kJ/m³	52646
15	液相热值，MMBtu/T	51.87			

天然气成分单一，使用时燃烧完全，是一种清洁、环保的优质能源。

2. 天然气与其他能源（液化石油气、柴油、重油）的经济性比较

液化石油气、柴油、重油价格一般随着原油价格及市场需求而变动。目前柴油的均价为8543元/吨，液化石油气的价格为6800元/吨，重油的价格为5370元/吨。

根据青岛市物价局确定，工业用天然气为3.6元/立方米，此价格在国家未出台相关价格变动条件的情况下，将不会变化，从能源性价比上可替代液化石油气及柴油、重油、电。

天然气的折算公式如下：

天然气的耗量＝原燃料耗量×1000×原燃料热值×原燃料的热效率÷（天然气的低热值×天然气热效率）

天然气折算系数见表8－33。

表8－33　　　　　　　　　不同燃料热值比较

	天然气	柴油	液化气	重油	电
燃料热值	39934 千焦/立方米	43534 千焦/千克	46046 千焦/千克	45209 千焦/千克	3600 千焦/千瓦时
热效率	92%	85%	92%	82%	100%
每使用100吨燃料或1万千瓦时电量折算天然气（万立方米）	—	10.07	11.53	10.09	0.0901

比较（见表8－34、表8－35）可得：

相比使用100吨柴油，改用天然气可获得同等热量，能节省的燃料费用为 $100 \times 8543 - 10.07 \times 10^4 \times 3.6 = 491780$ 元，即用天然气替代柴油，在现有柴油价格基础上，每替代100吨的柴油能节省49.178万元。

相比使用100吨液化石油气，改用同等数量的天然气能节省的燃料费用为 $100 \times 6800 - 11.53 \times 10^4 \times 3.6 = 264920$ 元，即用天然气替

代液化石油气，在现有液化石油气价格基础上，每替代 100 吨液化石油气能节省 26.492 万元。

相比使用 100 吨重油，改用天然气获得同等热量，能节省的燃料成本为 $100 \times 5370 - 10.09 \times 10^4 \times 3.6 = 173760$ 元，即用天然气替代重油，在现有重油价格基础上，每替代 100 吨重油能节省 17.376 万元。

相比使用 1 万千瓦时电力，改用天然气获得同等热量，能节省的燃料成本为 $10000 \times 1.2 - 0.0901 \times 10^4 \times 3.6 = 8754.65$ 元，即用天然气替代电力，在现有电力价格基础上，每替代 1 万千瓦时电力能节省 0.875465 万元。

表 8 - 34　　　　100 吨其他能源改造为天然气可节省能源费

种类	单位	柴油	LPG	重油	电力
能源价格	元/吨或元/千瓦时	8543	6800	5370	1.2
改造为天然气	万立方米/100 吨或万立方米/万千瓦时	10.07	11.53	10.09	0.090
可节省费用	元/100 吨或元/万千瓦时	491780	264920	173760	8754.645

表 8 - 35　　　　　　替代能源与天然气比较

类别比较	天然气	液化石油气	柴油	重油	电力
安全性	比空气轻，较安全	比空气重，较危险	油库安全性差	安全	较安全
经济性	价格较低，稳定	价格高，波动大	价格高，波动大	价格低，波动大	价格高，稳定
环保	优	优	有污染	污染较高	优
维护费用	管道输送，费用低	瓶装或储罐，费用高	储罐，费用较高	储罐，费用高	线路传输，费用一般
运行费用	费用低	费用一般	费用一般	需预热，费用高	费用一般

综上所述，在园区采用天然气替代其他能源具有较好的成本优势。

以商用空调事业部天然气置换液化气方案为例，目前事业部生产中每年的液化气使用量为 80 吨，如果将液化气替代为天然气，投资为 42 万元，项目完成后年度降低费用 14.6 万元，同时减少了 CO_2 等污染物排放量。

（四）家电生产涂装线电改气的技术经济评价

下面以家电生产涂装线改造为例，对天然气替代工程进行经济技术评价。

1. 技术评估

家电生产涂装线改造主要涉及电改气。第一部分是烘干生产线优化运行节能改造，第二部分是粉尘过滤系统改造。

第一部分烘干生产线优化运行节能改造的内容主要包括：

（1）在现有的烘干炉、固化炉炉体结构的基础上，拆除原有的加热室，包括电加热管、电控系统、循环风机、热风循环风筒管路等，增加两套天然气间接加热系统（水分烘干炉一套、粉末固化炉一套），其中包括加热室室体、换热装置、威索燃烧机、循环风机、电器控制系统等；

（2）在炉体内部重新设置热风循环风道，并对原有的炉体内外进行检修更换，确保使用效果；

（3）全部更换固化炉、烘干炉的侧板、顶板、底板的保温层，彻底解决炉体侧板的漏热问题；

（4）增加排烟管道和炉体的排风管路。

第二部分：粉尘过滤系统改造的内容主要包括：

（1）原设备的相关技术参数不变，对现有的喷粉线的烘干炉、固化炉的加热系统进行改造，拆除原有的加热装置，包括电加热管、电控系统、循环风机、热风循环管道；

（2）原电加热装置改为天然气加热装置，增加两套天然气间接加热系统（水分烘干炉一套、粉末固化炉一套），包括更换循环风机和热风循环风道、更换加热室室体、换热装置、威索燃烧机、循环风机、电控系统等；

（3）天然气在燃烧腔内燃烧产生的高温烟气不参与炉内的空气循环，而在通过换热器的表面与炉内的循环空气充分换热后通过排烟管道排出厂外，即使在燃烧过程中产生了杂物也不能进入炉内以免对工件的品质造成影响。在间接加热系统中，火焰被密闭在换热器的燃烧腔内，粉尘不会进入燃烧区遭遇明火，燃烧产生的烟气由泄爆弯头和排烟管道排出，不会与粉尘混合形成安全隐患和污染。

2. 经济评估

重油、柴油锅炉改造成燃气锅炉从技术上是非常简单的，仅需将燃油燃烧机拆下，换上燃气燃烧器，增加燃气管路及计量、调压、自控装置。液化气燃烧器可直接置换为天然气，仅需更改空气供给量及部分控制参数。不同品牌的燃气燃烧器价格不同。燃气管路及相关设备一般由燃气公司安装。

燃烧器都装在锅炉外面，所以停炉后可以很快施工进行改造。燃气管路及相应设备预先安装到位，加工件在场外预先制造完成，只需更换燃烧机即可完成改造，所以停炉施工时间仅需几小时至 1 天即可完成，对生产影响较小。

喷粉线电改气方案经济评估指标见表 8 - 36。

表 8 - 36　　　　　喷粉线电改气方案经济评估指标汇总

指标类别	经济评价指标
总投资费用	100 万元
年运行费用	50 万元
新增设备年折旧费	20 万元
应税利润	123 万元
净利润	103 万元
投资偿还期	2.3 年
其他	6 万元

3. 环境评估

改造为使用天然气后，不仅设备各项指标符合环境保护标准，还可大大降低污染物的排放（见表 8–37）。

表 8–37   污染物排放情况

类别比较	天然气 （千克/万立方米）	液化石油气 （千克/万立方米）	柴油 （千克/吨）
CO	0.063	0.063	0.298
SO_2	0.067	6.30	150
烟尘	2.862	2.862	2.25
NO_x	34	34	10.713
碳氢化合物	—	—	0.298

资料来源：《环境统计手册》。

综上所述，从项目技术经济指标可以看出，目前天然气的价格具有较大的优势，无论在降低成本还是节约能源方面，本项目均具有明显的经济效益和社会效益，并且改造的成本经测算可在经济范围内予以回收。

参考文献

［1］陈柳钦：《低碳城市发展的国外实践》，《环境经济》2010 年第
9 期。

［2］陈国伟：《低碳城市研究理论与实践初探》，《江苏城市规划》
2009 年第 7 期。

［3］顾朝林等：《气候变化与低碳城市规划》，东南大学出版社 2009
年版。

［4］刘志林等：《低碳城市理念与国际经验》，《城市发展研究》2009
年第 6 期。

［5］秦耀辰、张丽君、鲁丰先等：《国外低碳城市研究进展》，《地理
科学进展》2009 年第 12 期。

［6］夏琳琳、张妍、李名镜：《城市碳代谢过程研究进展》，《生态学
报》2017 年第 12 期。

［7］Glaeser, Edward L. , and M. E. Kahn, "The Greenness of Cities：
Carbon Dioxide Emissions and Urban Development", *Journal of Urban Economics*, Vol. 67, No. 3, 2010, pp. 404 – 418.

［8］Goodall, C. , *How to Live a Low – Carbon Life*：*The Individual's Guide to Stopping Climate Change*, London and New York：Routledge, 2007.

［9］Johnston, D. , R. Lowe, and M. Bell, "An Exploration of the Technical Feasibility of Achieving CO_2 Emission Reductions in Excess of 60% within the UK Housing Stock by the Year 2050", *Energy Policy*, Vol. 33, No. 13, 2005, pp. 1643 – 1659.

［10］Siong, Ho Chin, and F. W. Kean, "Planning for Low Carbon Cities：

The Case of Iskandar Development Region, Malaysia", 2007, https: //core. ac. uk/download/pdf/11782565. pdf.

[11] Newman, Peter, and Kenworthy, Jerry, *Sustainability and Cities*: *Overcoming Automobile Dependence*, Washiton, DC: Island Press, 2007.

[12] Tapio, Petri, "Towards a Theory of Decoupling: Degrees of Decoupling in the EU and the Case of Road Traffic in Finland between 1970 and 2001", *Transport Policy*, Vol. 12, No. 2, 2005, pp. 137 – 151.

[13] Fong, W. K., Matsumoto, H., Ho, C. S., and Lun, Y. F., "Energy Consumption and Carbon Dioxide Emission Considerations in the Urban Planning Process in Malaysia", *Planning Malaysia Journal*, Vol. 6, 2008, pp. 101 – 130.

[14] 金石:《WWT 启动中国低碳城市发展项目》,《环境保护》2008 年第 12 期。

[15] 夏垫堡:《发展低碳经济　实现城市可持续发展》,《环境保护》2008 年第 3 期。

[16] 辛章平、张银太、李丁:《低碳经济与低碳城市》,《城市发展研究》2008 年第 2 期。

[17] 付允、汪云林:《低碳城市的发展路径研究》,《科学对社会的影响》2008 年第 2 期。

[18] 戴亦欣:《中国低碳城市发展的必要性和治理模式分析》,《中国人口·资源与环境》2009 年第 3 期。

[19] 李克欣:《低碳城市建设的初步思考》,《中国科技财富》2009 年第 7 期。

[20] 陈飞、诸大建:《低碳城市研究的内涵、模型与目标策略确定》,《城市规划学刊》2009 年第 4 期。

[21] 刘志林、戴亦欣、董长贵、齐晔:《低碳城市理念与国际经验》,《城市发展研究》2009 年第 6 期。

[22] 诸大建:《发展碳经济能成为新的经济增长点吗》,《解放日报》

2009 年 6 月 22 日第 5 版。

[23] 付允、刘怡君、汪云林：《低碳城市的评价方法与支撑体系研究》，《中国人口·资源与环境》2010 年第 8 期。

[24] 钱杰、俞立中：《上海市化石燃料排放二氧化碳贡献量的研究》，《上海环境科学》2003 年第 11 期。

[25] 赵敏、张卫国、俞立中：《上海市能源消费碳排放分析》，《环境科学研究》2009 年第 8 期。

[26] 郭茹、曹晓静、李严宽、李风亭：《上海市应对气候变化的碳减排研究》，《同济大学学报》（自然科学版）2009 年第 4 期。

[27] 黄金碧、黄贤金：《江苏省城市碳排放核算及减排潜力分析》，《生态经济》2012 年第 1 期。

[28] 邢芳芳、欧阳志云、王效科等：《北京终端能源碳消费清单与结构分析》，《环境科学》2007 年第 9 期。

[29] 陈文颖、高鹏飞、何建坤：《用 Markal – Macro 模型研究碳减排对中国能源系统的影响》，《清华大学学报》（自然科学版）2004 年第 3 期。

[30] 朱勤、彭希哲、陆志明、吴开亚：《中国能源消费碳排放变化的因素分解及实证分析》，《资源科学》2009 年第 12 期。

[31] 马晓微、刘兰翠：《中国区域产业终端能源消费的影响因素分析》，《中国能源》2007 年第 7 期。

[32] 辛章平、张银太、李丁：《低碳经济与低碳城市》，《城市发展研究》2008 年第 2 期。

[33] 顾朝林、谭纵波、刘宛：《低碳城市规划：寻求低碳化发展》，《建设科技》2009 年第 15 期。

[34] 赵刚：《低碳城市建设须规划先行》，《今日中国论坛》2010 年第 6 期。

[35] 袁晓玲、仲云云：《中国低碳城市的实践与体系构建》，《低碳生态城市研究》2010 年第 5 期。

[36] 顾朝林、叶祖达、谭纵波等：《气候变化、碳排放与低碳城市规划研究进展》，《城市规划学刊》2009 年第 3 期。

［37］张坤民、潘家华、催大鹏：《低碳经济论》，中国环境科学出版社 2008 年版。

［38］李克欣：《中国城市化的低碳战略》，《中国科学院院刊》2011 年第 1 期。

［39］冯碧梅：《福建省构建低碳城市战略》，《发展研究》2011 年第 1 期。

［40］李同德：《低碳城市和城市化发展战略探索》，载《中国可持续发展论坛 2010 年专刊》（一），北京，2010 年。

［41］潘家华、王汉青、陈志强等：《中国城市低碳发展 2011》，经济日报出版社 2011 年版。

［42］中华人民共和国住房和城乡建设部、中华人民共和国财政部、中华人民共和国国家发展和改革委员会：《关于印发〈绿色低碳重点小城镇建设评价指标（试行）〉的通知》，《建设科技》2011 年第 19 期。

［43］青岛市统计局：《青岛统计年鉴（2010）》，中国统计出版社 2011 年版。

［44］周倩、黄树红、李爱军：《湖北省能源需求预测及分析》，《统计与决策》2007 年第 8 期。

［45］魏一鸣、廖华、范英：《"十一五"期间我国能源需求及节能潜力预测》，《中国科学院院刊》2007 年第 1 期。

［46］陶萍、罗勇：《湖北产业结构变动预测及分析》，《统计与决策》2000 年第 3 期。

［47］付加锋、刘毅、张雷等：《中国东部沿海地区产业结构预测及其结构效益评价》，《经济地理》2006 年第 6 期。

［48］孙静娟：《深圳市产业结构趋势预测》，《统计与预测》2002 年第 5 期。

［49］汤学俊：《三次产业结构预测方法与实证分析》，《商业研究》2005 年第 22 期。

［50］张雷、黄园淅：《中国产业结构节能潜力分析》，《中国软科学》2008 年第 5 期。

［51］中国科学院地理科学与资源研究所能源战略研究小组：《中国区域结构节能潜力分析》，科学出版社 2007 年版。

［52］胡金东：《交通节能潜力分析》，《长安大学学报》（社会科学版）2008 年第 3 期。

［53］国家发展和改革委员会能源研究所：《中国既有建筑节能改造融资机制市场调研报告》，2009 年 7 月。

［54］青岛市统计局：《青岛统计年鉴（2011）》，中国统计出版社 2012 年版。

［55］毕军、刘凌轩、张炳、王仕：《中国低碳城市发展的路径与困境》，《现代城市研究》2009 年第 11 期。

［56］管敏：《我国低碳经济投融资体系研究》，《时代经贸》2010 年第 35 期。

［57］黄栋：《低碳技术创新与政策支持》，《中国科技论坛》2010 年第 2 期。

［58］政协绵阳市委员会：《绵阳市低碳经济发展战略调研报告》，2009 年 7 月，http：//www. my. gov. cn/image20090724/142938. pdf。

［59］赵天石、刘世丽：《大庆建设低碳城市的战略思考》，《大庆社会科学》2009 年第 6 期。

［60］连玉明：《低碳城市的战略选择与模式探索》，《城市观察》2010 年第 2 期。

［61］李迅、曹广忠、徐文珍等：《中国低碳生态城市发展战略》，中国城市出版社 2009 年版。

［62］李克欣：《中国城市化的低碳战略》，《中国科学院院刊》2011 年第 1 期。

［63］边莘茹：《青岛市建设低碳城市的战略与路径研究》，硕士学位论文，中国石油大学，2011 年。

［64］曾凡银：《中国节能减排政策：理论框架与实践分析》，《财贸经济》2010 年第 7 期。

［65］潘晓东：《中国低碳城市发展路线图研究》，《中国人口·资源

与环境》2010 年第 10 期。

［66］刘灿伟：《我国低碳能源发展战略研究》，硕士学位论文，山东大学，2010 年。

［67］李亮：《江西工业园区低碳经济发展研究》，硕士学位论文，南昌大学，2010 年。

［68］付允、汪云林、李丁：《低碳城市的发展路径研究》，《科学对社会的影响》2008 年第 2 期。

［69］李增福、郑友环：《"低碳城市"的实现机制研究》，《经济地理》2010 年第 6 期。

［70］张保华、张金萍、刘子亭、薛婷：《山东省土壤有机碳密度和储量估算》，《土壤通报》2008 年第 5 期。

［71］郝先荣、沈丰菊：《户用沼气池综合效益评价方法》，《可再生能源》2006 年第 2 期。

［72］张瑞琴、张辰西：《我国碳金融的发展及国际经验借鉴》，《国际经济合作》2011 年第 5 期。

［73］吴昌华：《低碳创新的技术发展路线图》，《中国科学院院刊》2010 年第 2 期。

［74］杨绪彪、朱丽萍：《碳金融发展的国际经验及对我国的借鉴》，《商业会计》2010 年第 23 期。

［75］吴玉宇：《我国碳金融发展及碳金融机制创新策略》，《上海金融》2009 年第 10 期。

［76］管敏：《我国低碳经济投融资体系研究》，《时代经贸》2010 年第 35 期。

［77］王宜刚、欧阳祖友：《低碳经济背景下企业融资路径选择》，《中国商贸》2011 年第 6 期。

［78］张伟伟、汪陈：《低碳经济发展的投融资体系建设研究》，《经济纵横》2012 年第 6 期。

［79］郝文利、董永霞、李文文：《中国发展低碳经济的融资问题研究》，《中国经贸》2010 年第 20 期。

［80］庄贵阳、雷红鹏、张楚：《把脉中国低碳城市发展：策略与方

法》，中国环境科学出版社 2011 年版。

［81］聂莹、杨茜：《我国发展低碳经济的 SWOT 分析》，《中国集体
　　　经济》2010 年第 10 期。

［82］方雯、郭文豪：《国际产业转移新趋势下我国产业结构调整的
　　　战略思考》，《技术经济与管理研究》2009 年第 5 期。

［83］可持续发展社区协会（ISC）：《低碳园区发展指南及使用手
　　　册》，2012 年。